H. Moesta

Erze und Metalle –
ihre Kulturgeschichte im Experiment

Mit 47 Abbildungen, 8 Farbtafeln
und 28 Experimenten mit Grundanleitung

Springer-Verlag
Berlin Heidelberg New York 1983

Professor Dr. Hasso Moesta

Lehrstuhl für Physikalische Chemie der Universität des Saarlandes, Saarbrücken

CIP-Kurztitelaufnahme der Deutschen Bibliothek:

Moesta, Hasso:
Erze und Metalle – ihre Kulturgeschichte im Experiment / H. Moesta. – Berlin; Heidelberg; New York: Springer, 1983.

ISBN 3-540-11799-7 Springer-Verlag Berlin Heidelberg New York
ISBN 0-387-11799-7 Springer-Verlag New York Heidelberg Berlin

Gesamtherstellung: Zechnersche Buchdruckerei KG, Speyer
2152/3020–543210

Meiner Frau

Vorwort

Wir alle bewundern in Museen und Ausstellungen die Kunstwerke der Goldschmiede und Bronzegießer vergangener Jahrtausende. Wir erkennen ihr Kunstgefühl in den Formen und die Symbolik mancher Funde erschließt uns etwas von der Geisteshaltung ihrer Benutzer.

Die Frage: „Wie wurde dieses Kunstwerk oder jene Waffe gemacht?" wird dabei häufig nicht oder nur unzureichend beantwortet. Dabei liegt in der Kenntnis des „Wie" neben dem „Wann" eine Fülle von Hintergrundmaterial, das ein Museumsstück zu einem Stück Menschheitsgeschichte werden lassen kann. Solches Hintergrundmaterial ist über eine Vielzahl von Wissenschaften verteilt. Dieses Buch will kulturhistorisch Relevantes aus Mineralogie, Chemie, Verfahrenstechnik und Handwerk im Wortsinne „handgreiflich" machen. Es wendet sich an den Liebhaber alter und schöner Dinge, an phantasievolle Freunde der Kulturen und ihrer Geschichte, die vor ein wenig „heimwerken" nicht zurückschrecken. Nur das Experiment kann jene Verbindung von Geist und Geschicklichkeit vermitteln, die über Jahrtausende hinweg die Fähigkeiten des Menschen gefordert, entwickelt und geprägt hat.

Die Versuchsbeschreibungen sind der Kern des Buches. Sie fordern keinerlei chemisch-experimentelle Vorbildung für ein Gelingen. Die Darlegungen aus der Geschichte sind als Hilfsmittel zur Einbettung der technisch-handwerklichen Entwicklung in den größeren Zusammenhang gedacht. Die herangezogene Literatur enthält sowohl Quellenmaterial als auch populäre Arbeiten, sie erscheint dem Autor für einen Einstieg in das Gebiet geeignet ohne Anspruch auf Vollständigkeit zu erheben.

Freunde und Kollegen haben Einzelheiten erklärt, mir ihre Laboratorien und Sammlungen geöffnet und ihre Ausgrabungen gezeigt.

Ich danke den Herren F. Mossleitner, Salzburg; C. Eibner, Wien; Ch. Raub, Schwäbisch Gmünd; F. Rost und F. Hiller, Saarbrücken, für die Zeit, die sie mir geopfert und die Freude, die sie mir damit bereitet haben.

Frau Karin Wilhelm habe ich sehr für die Mühe und Sorgfalt bei der Herstellung des Manuskriptes zu danken. Einige Zeichnungen wurden von Herrn Patrick Scheidhauer angefertigt.

Saarbrücken, im September 1982   Hasso Moesta

Inhaltsverzeichnis

X

Verzeichnis der Experimente

I. Zeit und Technologie

Wir sind gewohnt, den Lauf der Geschichte nach Jahren zu ordnen. Das Mittel dazu sind Kalender. Vor den Kalendern gab es „Königslisten", z. B. in Ägypten und Mesopotamien. Solche Listen sind gelegentlich durch kriegerische Ereignisse oder Katastrophen unterbrochen worden und nur für relativ enge Kulturkreise vorhanden. Die „Kohlenstoff-Uhr", die Datierung von Holz nach seinem Gehalt an dem radioaktiven Isotop ^{14}C, liefert bis etwa 6000 v. Chr. brauchbare Daten.

So wichtig Jahresangaben, auch ungefähre, als Ordnungsparameter sind, wird man doch nicht verkennen, daß ihr Informationsgehalt gering ist. Eine Jahresangabe erhält erst in Verbindung mit kulturellen Fakten eine Bedeutung. Von solchen Fakten ausgehend hat man den Lauf der kalenderlosen Geschichte in „Zeiten" geordnet, die man nach charakteristischen Errungenschaften technischer Art benannte.

Die Urheber dieser archäologischen „Zeit"-einteilung waren Christian Thomsen 1819 und B. E. Hildebrand 1830, die bei der Ordnung von Beständen der Museen von Kopenhagen und Lund drei größere Perioden der Vorgeschichte (und ihre zeitliche Folge) entdeckten: Steinzeit, Bronzezeit und Eisenzeit. Eine ähnliche Einteilung sollen chinesische Weise schon im ersten Jahrhundert n. Chr. erkannt haben. Die Wissenschaft hat seither zahlreiche feinere Unterteilungen zeitlicher und räumlicher Art gefunden. Unterscheidungsmerkmale sind die Form (der Stil) und das Material von Fundgegenständen.

In unserem Zusammenhang ist der Übergang von der Steinzeit zur Bronzezeit nicht ganz einfach zu vollziehen: Das älteste Gebrauchsmetall ist ohne Zweifel das Kupfer. Legierungen des Kupfers, also Arsen- und Zinnbronze, tauchen aber überraschend früh auf. Andererseits hat es Jahrtausende gedauert, bis das Metall den Gebrauch von Steingeräten verdrängt hatte. Es hat sich als notwendig erwiesen, zwischen die metallose Jungsteinzeit (Neolitikum) und die eigentliche Bronzezeit eine „Kupferzeit" oder besser „Kupfersteinzeit" (Chalkolithikum) einzuschieben.

Eine solche Einteilung der Geschichte ist schon instruktiver als die nach bloßen Jahreszahlen. Aber schließlich ist „der Mensch das Maß aller Dinge", und so hat es nicht an Versuchen gefehlt, eine Einteilung der frühen Geschichte in Abschnitte vorzunehmen, die stärker auf den Menschen, sein Verhalten und seine Gesellschaft bezogen sind. E. B. Taylor (1832–1917) und Lewis Morgan (1818–1881) entwickelten soziologische Modelle, wobei letzterer erheblichen Einfluß auf Marx, Engels und spätere marxistische Denker hatte. Diese Modelle werden andeutungsweise durch die Stichworte Primitivstufe → „Barbarei" → Hochkultur charakterisiert. Auch solche Einteilungsweisen sind nicht ohne Probleme. Einmal sind solche Begriffe recht weit von den harten Fakten einer Ausgrabung entfernt. Zum anderen gab es recht hohe Kulturen, die der Schrift unkundig waren und solche, die zwar Schrift und Kalender kannten, aber von ihrem Verhalten her zur „finsteren Barbarei" gerechnet werden können. Kurzum, eine Rückführung der soziologischen Traum-Modelle von der „reinen" Theorie auf das, was man anfassen kann, war notwendig.

Sir Gordon Childe (1944), ein hervorragender Forscher und Deuter der Frühgeschichte, klassifiziert „archäologische Zeiten" durch „technologische Stufen". Werkzeuge, ihr Material, ihre Menge und der Grad ihrer funktionalen Eignung liefern die Unterteilung der Zeit vom ersten Metall bis zum Ende der Bronzezeit. Das Schema wird auf die Eisenzeit in ähnlicher Weise ausgedehnt.

Betrachten wir zunächst den Werkzeug- und Gerätebestand der Steinzeit: Einschneidige Messer, Gravierstichel, Sägen, Ziehklingen, Bohrer, Keile, gestielte Hämmer, Ahlen, Nadeln, dazu die nötigen Sehnen, Riemen und Knoten gab es wenigstens bei einigen Gesellschaften schon vor dem Ende des Pleistozäns. Es gab Wurfbretter, Harpune und Fischreusen.

Während des Neolithikums kommen geschliffene Beile (der Kelt), spezialisierte Formen von Äxten und Hauen sowie Hohlmeißel und Meißel in brauchbaren Haften dazu. Paddel und Schlitten, Hunde, Fischnetz und Angelhaken verbesserten Jagd und Beweglichkeit, die ersten geraden Sicheln und Erntemesser tauchen auf. Im *Neolithikum* werden auch Setzholz und Hacke (manchmal mit Blatt), Sicheln und Handmühlen (Reibesteine) erfunden und nach und nach standardisiert. Sägen und Bohren von Steinen mit Hilfe von Schleifmitteln, Beile und Äxte mit gebohrten Schaftlöchern, Zapfenverbindungen, Bretter und Webstühle, tiefer Bergbau und gut entwickelte Töpferei kennzeichnen den technischen Besitzstand des Menschen, lange bevor Metall eine erkennbare Rolle zu spielen beginnt.

Vor diesem Hintergrund sieht Childe die folgenden *technologischen Stufen der Metallverwendung:*

Stufe 0: Kleine kaltgehämmerte Schmuckgegenstände aus Kupfer. Einzelne Werkzeuge lediglich als sklavische Kopien neolithischer Formen (Sialk I und II im Iran, Badari in Ägypten und Gabarevo auf dem Balkan).

Kupfer spielt noch keine wesentliche Rolle im Leben der Gesellschaften. Es ist mehr eine Kuriosität. Aber es existiert, und der Mensch kann seine Vorzüge erkennen: Dauerhaftigkeit, Festigkeit, die Möglichkeit feinere Schneiden zu formen sowie die Bearbeitung durch Hämmern und Gießen. Diese Stufe beschreibt etwa den heutigen Begriff des Chalkolithikums.

Stufe 1: Waffen und Schmuck werden aus Kupfer und seinen (zufälligen?) Legierungen hergestellt. Die Werkzeuge haben noch die Formen des Neolithikums (Säge von Saqqara). Erste Anfänge einer industriellen Metallherstellung werden sichtbar. Die Steinbearbeitung und -verwendung steht noch auf der Höhe des Neolithikums. Diese Stufe entspricht etwa der „frühen Bronzezeit" in Mitteleuropa.

Stufe 2: Handwerker verwenden, im Gegensatz zu Stufe 1, regelmäßig Metallwerkzeuge, aber nicht für grobe Arbeiten. Messer, Sägen und eine Vielzahl spezialisierter Meißel, Beile und Äxte treten zum Werkzeugbestand hinzu. In der Landwirtschaft wird Metall noch nicht verwendet. An Wohnplätzen sind Steingeräte wie geschliffene Beile und Feuerstein-Messer noch häufig.

Stufe 3: Metall wird in großen Mengen verwendet, auch in der Landwirtschaft und bei grober Arbeit. Diese Stufe ist gekennzeichnet durch Sicheln, Hacken und schwere Hämmer aus Kupfer und Bronze. Die Steinindustrie gleitet ab, der Aufwand an Kunstfertigkeit wird geringer. Trotzdem verschwinden Steingeräte nicht völlig. „Späte Bronzezeit" in Mitteleuropa.

Childe's Stufensystem ist eine auf den Gebrauch der Metalle ge-
stützte „relative Chronologie", die sich für unser Thema geradezu
anbietet. Die Archäologie verwendet gemeinhin eine andere Basis
für relative Chronologien, nämlich Material und Formenwelt der
Keramik, die sich auf größere Zeiträume anwenden und viel schär-
fer unterteilen läßt.

Relative Chronologien lassen sich, besonders bei schreibenden Kulturen (Ägypter, Mesopotamier, Römer und Griechen) an manchen
Punkten der Skala an eine „absolute", d. h. in Kalenderjahren ge-
eichte, Zeitskala anschließen. Je größer der Abstand eines „Da-
tums" einer relativen Chronologie von solchen Fixpunkten ist, um
so unsicherer wird es in der absoluten Zeitskala. Da es nur ganz wenige Fixpunkte gibt, die in den Hinterlassenschaften mehrerer Kulturen gleichzeitig zu erkennen sind (große Erdbeben, Vereinigung
zweier Königreiche und ähnliches), ist die Aufstellung zeitlicher
Entsprechungen zwischen verschiedenen und getrennten Kultur-
kreisen unsicher.

Eine absolute Chronologie entwickelt sich seit der Erfindung der
„Kohlenstoff-Uhr" durch Libby (1949). Man mißt dabei an einem
kohlenstoff-haltigen Fundstück das Verhältnis des Gehaltes an dem
radioaktiven Kohlenstoff-Isotop ^{14}C zu dem stabilen Isotop ^{12}C.
^{14}C entsteht laufend in der Atmosphäre unter dem Einfluß der Höhenstrahlung. Es zerfällt mit einer Halbwertzeit von rund 5600 Jah-
ren. Solange eine Pflanze assimiliert, nimmt sie den ^{14}C-Gehalt der
Luft auf und baut ihn in ihr Gewebe ein. Nach dem Absterben der
Pflanze wird kein neues radioaktives Isotop eingelagert, der ^{14}C-
Gehalt der Pflanze sinkt mit der genannten Halbwertszeit. Man
kann also bei bekannter Halbwertzeit aus dem noch vorhandenen
Gehalt in der Pflanze auf die Zeit schließen, die seit dem Tode der
Pflanze vergangen ist. Ein solches Alter nennt man „unkorrigiertes
Kohlenstoff-Alter". Da die Höhenstrahlung im Laufe der Jahrtausende nicht konstant geblieben ist, muß man das experimentell er-
mittelte Alter noch um die Schwankungen der Höhenstrahlung kor-
rigieren. Dies ist mit Hilfe der „Dendro-Chronologie" möglich.
Eine solche Korrektur ist durch Abzählen der Jahresringe der nord-
amerikanischen „Bristlewood Pine" und gleichzeitige Bestimmung
des ^{14}C-Alters verschiedener Ringzonen erstmalig von Suess um
1967 für die Zeiten von 4000 bis 1500 v. Chr. geschehen.

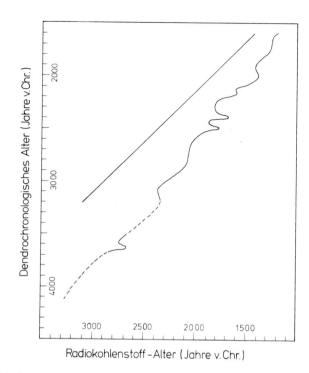

Abb. 1. Empirische Beziehung zwischen konventionellen Radio-Kohlenstoff-Daten und dendrochronologischem Alter. Die eingezeichnete Gerade gibt das wirkliche Alter, der senkrechte Abstand der Geraden zu der unregelmäßigen Kurve ist die am Kohlenstoff-Alter anzubringende Korrektur (nach Suess)

II. Kupfer

1 Bergbau und Erze

Die Anfänge des Bergbaus lassen sich bis ins späte Paläolithikum zurückverfolgen. Damals wurden in den dänischen Kliffs am Kattegat und auf Seeland Feuersteinknollen „bergmännisch" gewonnen und über weite Strecken in Skandinavien gehandelt (Depotfunde von jütländischem Flint in Kusmark bei Skelleftea, Norrland, Schweden). Im Neolithikum gab es organisierten Bergbau auf Flint im Raume Maastricht (Ryckholt) bis Belgien (Spiennes) sowie in England (Cissbury, Grimes Grave) und Polen, Tagebau in Frankreich (Grand Pressigny) und Bergbau auf Radiolarit in Mauer bei Wien. Diese Bergbaue mit ihren angeschlossenen Werkstätten müssen Hunderte von Millionen Steinwerkzeuge (Beile, Schaber usw.) hergestellt und vertrieben haben (Bosch 79, Kirnbauer 58). Obsidian wurde im Mittelmeerraum und in Anatolien gewonnen und über Tausende von Kilometern gehandelt.

So kann es kaum verwundern, wenn Jovanovic (1980) anläßlich der Entdeckung der bisher ältesten (2. Hälfte des 5. Jahrtausend v. Chr.) europäischen *Kupfermine* in Rudna Glavo bei Belgrad sagt: „Die Beherrschung der Mineralien durch den Menschen ist weit älter als die der Tiere und Pflanzen."

Früheste Kupfer-Metallurgie wird in mehreren Zentren angetroffen, die räumlich – und vielleicht auch zeitlich – weit getrennt sind.

Das Auftreten der für diese frühe Metallurgie notwendigen leicht reduzierbaren Erze an der Oberfläche ist eine Folge der chemischen Eigentümlichkeit mancher Kupferlagerstätten:

Der Kupferkies $CuFeS_2$ ist eines der häufigsten Mineralien überhaupt und tritt in Lagerstätten der unterschiedlichsten Genese auf. Buntkupferkies Cu_5FeS_4, Kupferglanz Cu_2S und Kupferindig CuS sind andere Erze, die in geringeren Anteilen zum Kupfergehalt eines Ganges beitragen. In der Regel sind die Erze von Pyrit FeS_2 begleitet, dessen Menge von Spuren bis zur Hauptmasse des Ganges reichen kann.

Auch Verbindungen von Kupfer mit Arsen, Antimon und Schwefel, die sog. Fahlerze, spielen in der frühen Kupfergewinnung eine Rolle. Schließlich ist noch der Enargit Cu_3AsS_4 als Kupfererz zu erwähnen. Nickel, Silber und Gold treten als Verunreinigungen häufig in diesen Erzen auf.

Bei der Verwitterung eines zutage tretenden Erzganges bildet der Schwefel wasserlösliche Sulfate, die bis zum Grundwasserspiegel versickern. Diese Lösungen führen einen Teil des Metallgehaltes mit sich in die Tiefe. Der Rest bildet mit Wasser und Sauerstoff sowie der Kohlensäure der Luft neue Mineralien: Oxide, Hydroxide und Carbonate. So entstehen der grüne Malachit $Cu_2(OH)_2CO_3$ und das blaue Azurit $Cu_3(OHCO_3)_2$, Mineralien, die sehr wahrscheinlich das Ausgangsmaterial der frühen Kupferschmelzer waren. Diese „oxidischen", nur Kupfer enthaltenden Erze lassen sich nämlich einfacher zum Metall reduzieren als die obendrein tiefer liegenden sulfidischen und eisenhaltigen Erze. Aus ihnen gewonnenes Kupfer kann recht rein sein, da die Auslaugung bei der Verwitterung viele andere Metalle aus den Erzen entfernt.

Von großer Bedeutung für die frühen Hütten- und Bergleute ist das chemische Schicksal des Eisenanteils in einem verwitterndem Erzgang: Die Eisensulfide verwandeln sich zunächst in das Sulfat $FeSO_4$, welches rasch weiter zu $Fe_2(SO_4)_3$ oxidiert. Dieses Salz hydrolisiert leicht und bildet rostfarbenes bis schwarzes Eisenhydroxid (z. B. Limonit, Goethit). Die Bildung und Fäl-

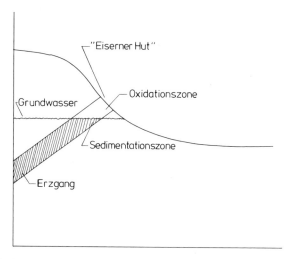

Abb. 2. Schematischer Schnitt durch einen ausstreichenden Erzgang

lung dieser Hydroxide verläuft sehr schnell, so daß sich die oberste Zone des Erzganges an „rostig" aussehenden Eisenmineralien relativ stark anreichert, während der Gehalt an Kupfer und anderen Metallen von Wasser in die Tiefe transportiert wird, Der Bergmann nennt diese oberste eisen-reiche Zone den „Eisernen Hut". Chemisch betrachtet nennt man diese obere Zone die „Oxidationszone".

Es gibt zahlreiche Beispiele aus dem antiken Bergbau, wo sich die Gänge und Stollen durch einen solchen Eisenhut winden, immer den schmalen Ausscheidungen von Malachit folgend, ohne das Eisen zu beachten (Spanien, Rudna Glavo und viele andere).

Bei der Bildung des „Eisernen Hutes" wandern die kupfer-haltigen schwefelsauren Lösungen meist in die Tiefe bis zum Grundwasserspiegel und weiter. Unterhalb des Grundwasserspiegels hört die Oxidation rasch auf, und die absteigenden Lösungen treffen im Erzgang frische Sulfide. Aus diesen Sulfiden wird nun das unedlere Metall (Eisen) herausgelöst und das edlere Metall (Kupfer) ausgeschieden. An der Grenze dieser „Sedimentationszone" zur darüber liegenden Oxidationszone werden in wechselndem Umfang Kupfer, Silber und Gold ausgeschieden. Soweit die Metalle nicht in gediegener Form (älteste Kupferwerkzeuge der Menschen) abgesetzt werden, tritt wenigstens eine starke Anreicherung des Gehaltes der Sedimentationszone an den genannten Metallen gegenüber dem ursprünglichen Gehalt des Erzganges ein. Diese Anreicherung ist häufig so bedeutend, daß der Bergbau im ausstreichenden Erzgang hohe Gewinne abwirft und als unrentabel aufgegeben wird, sobald der eigentliche Erzgang erreicht wird.

Die Kupfer-Lösungen verbreiten sich gelegentlich auch über die unmittelbare Nachbarschaft der Erze hinaus. Beim Einsickern in wasserdurchlässige Gesteine kann es dann zu Kupfer-Ausscheidungen kommen. Solche, nicht unmittelbar mit einem Erzgang in Verbindung stehenden Ausscheidungen in Sandstein sind vielerorts bis in die Römerzeit, ja bis in die Neuzeit hinein abgebaut worden.

Schreitet die Verwitterung des Erzganges immer weiter fort, so wird schließlich die ganze obere Schicht erodiert und weggeführt. Ist der Eisenhut bis auf die Sedimentationszone erodiert, liegen hochangereicherte Erze und sogar gediegene Metalle offen zu Tage.

Hier liegt der Ausgangspunkt der Metallgewinnung und auch der ersten Verhüttung, die gerade durch die Anreicherung dieser Zone an Kupfer und edleren Metallen bei gleichzeitiger Abreicherung an Eisen, Arsen, Antimon und Schwefel begünstigt wurde. Die gleiche Überlegung gilt auch für Bleierzgänge, bei denen in der entsprechenden Zone zwar kein metallisches Blei, wohl aber gediegenes Silber auftreten kann.

Bäche und Flüsse führen Erze und Metalle vom Erzgang fort und lagern sie nach ihrer Schwere in verschiedenen Entfernungen ab. Wird durch besondere Strömungsverhältnisse an einer Stelle Metall oder Erz im Sande des Flusses stark angereichert, entstehen Lagerstätten, die als „Seife" zu allen Zeiten eine große Bedeutung in der Metallurgie gehabt haben.

2 Die Anfänge

Kupfer und Blei sind die ersten Metalle, die der Mensch kennen, verwenden und schließlich nach seinem Willen herstellen und verändern lernte.

Schon aus dem 8. Jahrtausend v. Chr. wissen wir, daß gediegen gefundenes Kupfer am Südhang des Taurus mit den technischen Mitteln der Steinzeit zu Nadeln und Schabern verarbeitet wurde (Cayönü Tepesi). Aus dem Neolithikum der Schweiz sind ähnliche Kupfergeräte bekannt, die auf die Mitte des 7. Jahrtausends v. Chr. datiert werden.

Die Verwendung gediegenen Kupfers, auch seine Verformung durch Hämmern und Schleifen, begründet noch keine Metallurgie und kann nicht als Beginn einer „Metallzeit" gewertet werden. (Wir verwenden heute auch gelegentlich „exotische" Werkstoffe, z. B. Titan, ohne daß deshalb der Beginn eines Titan-Zeitalters erkennbar würde.)

Die Herstellung eines Metalles und die Erkennung seines praktischen Wertes sind sicher nicht als plötzliche Erleuchtung über eine Schar von „Wilden" hereingebrochen. Vielmehr mußten zwei Umstände zusammenkommen, um zum ersten Male die Herstellung eines Metalles zu erlauben: Die Technologie der betroffenen Kulturen hatte einen gewissen Schwellenwert überschritten und in ihrem Bereich befanden sich Erzlager, deren Beschaffenheit die Reduktion des Erzes mit den vorhandenen technischen Mitteln erlaubte.

Die Technologie aller bekannten Völker mit frühester Kupfer-Gewinnung hatte etwa die folgenden kennzeichnenden Elemente: hochentwickelte Steinbearbeitung (feine lange Messerklingen, verschiedene bereits spezialisierte Werkzeuge) und eine fortgeschrittene Keramik, die spezialisierte Brennöfen mit hohen Temperaturen zur Voraussetzung hatte. So ist die „Manganschwarz-Technik" – eine Methode zur Verzierung von Keramik – im 6./5. Jahrtausend v. Chr. in Çatal Hüyük (Anatolien) und im 4. Jahrtausend v. Chr. im Balkan bis hinauf nach Starcavo am Zusammenfluß von Donau und Theiß nachgewiesen.

Es ist eine vieldiskutierte Frage, ob die Kunst der Metallgewinnung an einer Stelle (z. B. in Anatolien) entdeckt wurde und sich von dort aus in die anderen Länder verbreitet hat oder ob diese Kunst an verschiedenen Stellen unabhängig voneinander entstanden ist. Es gibt weder Beweise für noch gegen die eine oder die andere Auffassung. Für einen Entscheid in dieser Frage fehlt eine Grundvoraussetzung: eine Zeitbestimmung, die synchron für alle Fundorte ist. „4000 v. Chr." in Ägypten und „4000 v. Chr." in Serbien oder Iran können auch nach bester heutiger Kenntnis Zeitpunkte bedeuten, die in Wahrheit um Jahrhunderte auseinanderliegen. Wir lassen also die Prioritätenfrage offen, behalten aber die Möglichkeit der unabhängigen Entstehung der Kupfermetallurgie an verschiedenen Orten im fünften Jahrtausend v. Chr. im Auge.

Das Herstellen von Metallgeräten durch Gießen, vielleicht zunächst nur Umschmelzen von gediegen gefundenem Kupfer, später auch das Erschmelzen von metallischem Kupfer aus Erzen, verbirgt ihren Anfang irgendwo im Dunkel des 6. Jahrtausends v. Chr. Bereits vor 4000 v. Chr. gibt es in zahlreichen Gegenden der Alten Welt eine Kenntnis der Kupfer-Verarbeitung, die nicht mehr als primitiver erster Anfang verstanden werden kann: Es treten Ohrringe aus gehämmertem Kupferdraht, Nadeln und Haarspangen auf. Eine Vielfalt von Dingen, die zu ihrer Herstellung alle mehrerer, technisch unterschiedlicher Arbeitsvorgänge bedurften.

Beispiele für diese früheste technologische Phase kennen wir aus dem Iran (Sialk I, mitten zwischen Teheran und Isfahan sowie Tal-I-Iblis südlich von Kerman), aus dem Balkan mit der Gegend östlich von Belgrad etwa als geographischem Mittelpunkt (Bergbau der Vinça-Leute in Rudna Glavo), aus Ägypten (Badari-Leute südlich Assiut am Nil) und Süd-Anatolien (Çatal Hüyük). Zwischen diesen Gebieten haben nach unserer heutigen Kenntnis weite „metallfreie" Räume bestanden.

Die Besiedlung Süd-Mesopotamiens – die El-Obeid-Kultur – wird nach unkorrigierten ^{14}C-Daten auf die Mitte des 5. Jahrtausends angesetzt, entsprechend einem korrigierten Zeitpunkt im mittleren 6. Jahrtausend. Eine Metallurgie ist hier noch nicht zu erkennen. Badari in Oberägypten, mit Schmuck und Harpunen aus gehämmertem Kupfer, ist nur indirekt zu datieren. Diese Kultur ist etwa „zeitgleich" mit der Kultur „Fayum A" in Unterägypten, für die 4400 bis 3800 v. Chr. nach unkorrigierten ^{14}C-Daten, also etwa 5300 v. Chr. bis 4800 v. Chr. absolut anzusetzen ist. Um die gleiche Zeit, eben um 4800 v. Chr., bestehen auf dem Balkan die Kulturen Vinça C und D, die ein sehr reines Kupfer nach einer bereits recht fortgeschrittenen

Technik verarbeiten. Die Äxte dieser Kultur, der „Vidra-Typ", sind der technischen Entwicklung – soweit sie bekannt ist – im ganzen Orient weit voraus.

Das Ashmolean-Museum in Oxford bewahrt zwei Äxte, Nr. 1541 und Nr. 1521, die nach Renfrew (2) in die Gumelnitsa-Kultur an der unteren Donau – zeitgleich mit der späten Vinča-Phase – in das frühe 5. Jahrtausend gehören und ein *gegossenes Schaftloch* aufweisen. Die einfache offene Gußform ist hier schon durch Einsetzen eines Kernes weiterentwickelt worden. Die Form dieser Äxte verrät auch, daß es sich nicht um Erstlingsstücke handelt, sondern daß diese Werkzeuge eine lange Ahnenreihe besitzen.

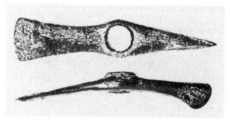

Abb. 3. Axt vom Vidra-Typ mit eingegossenem Schaftloch. Gumelnitza-Kultur, untere Donau, 5. Jahrtausend v. Chr. (nach Renfrew)

Erst um 3500 v. Chr. nach der klassischen archäologischen Datierung, also rund ein Jahrtausend nach der Vidra-Axt, fertigt man in Mesopotamien die ersten Äxte mit eingegossenem Schaftloch (Tepe Gawra, Schicht 12, nordöstlich von Mossul)! Wenn die Datierungen stimmen und wenn nicht noch wesentlich ältere Beile mit gegossenem Schaftloch aus Mesopotamien bekannt werden, muß man sich mit dem Gedanken vertraut machen, daß die Kupfer-Metallurgie auf dem Balkan der in Mesopotamien etwa 1000 Jahre voraus war; ein wahrhaft erstaunlicher Befund!

Auch in Mitteleuropa geht die Kunst des Kupfer-Gußes mindestens ins 5. Jahrtausend vor der Zeitrechnung zurück: Flachbeile aus der Schweiz werden mit Hilfe der Dendrochronologie auf 4000 v. Chr. datiert (Bill), wobei die Archäologen die Ansicht vertreten, daß die Herstellungstechnik dieser Beile von noch älteren Kulturen in die Schweiz eingewandert sei.

Die erste Dynastie Ägyptens, etwa 3400 bis 3200 v. Chr., kennt gegossene Beile und Dolche mit Mittelrippe bereits von ihren Vorgängern aus der „Gerzium" genannten Zeit. Der Anfang von Troja I wird auf rund 3000 v.Chr. datiert (Belgen 1963). Die frühe Bronzezeit der Ägäis (Eutresis) beginnt um 2500 (^{14}C, unkorrigiert) also etwa um 3400 v.Chr. absolut und reicht mit Troja II bis etwa 2100 v.Chr.

In Syrien wird das Gießen und Warmschmieden von Kupfer stratigraphisch auf 3500 bis 3100 datiert (Braidwood), und wir wollen vorwegnehmen, daß hier, in Amoq, nahe dem heutigen Antakya (Antiochien) auch schon gegossene Bronzefiguren zeitgleich mit der ersten ägyptischen Dynastie auftreten (s. S. 49).

Ägypten beheimatet weder die einzige noch die älteste der Metall-Kulturen. Einzigartig ist aber in Ägypten die Dokumentation der

Abb. 5   **Abb. 4**

Abb. 4. Gegossene Bronze-Figuren aus Amoq, das älteste Beispiel der Wachs-Ausschmelz-Technik mit Bronze

Abb. 5. Figur einer Tänzerin aus der Indus-Kultur, ca. 2500 v.Chr., Wachs-Ausschmelz-Technik in Bronze (nach Marchal)

12

metallurgischen Verfahren, da hohe und höchste Würdenträger ihre Gräber mit Darstellungen der Arbeiten und Tätigkeiten aus ihrem Ressort schmückten. Auch im Jenseits waren sie von den Künsten begleitet, deren Blüte sie ihr Ansehen zu Lebzeiten verdankten. (Man versuche sich einen heutigen Minister vorzustellen, der sein Grab mit Bildern aus der Tätigkeit der Steuerzahler schmückt.)

Mit der Gründung des Alten Reiches, I. Dynastie (3400–3200 v.Chr., Breadsted) sind die zu großen Gütern gehörenden Arbeiter (Bau der ersten Pyramidenformen) mit kupfernen Beilen und Äxten, Meißeln, Sägen, mehreren Typen von Messern sowie Pinzetten und Nadeln ausgerüstet. Aber Schlegel aus Holz und in der Hand gehaltene Steine dienen als Hämmer selbst bei Metallarbeitern. Letztere arbeiteten noch unter sehr primitiven Verhältnissen. Ihr Amboß war ein auf Holz gelagerter Stein, Tiegel und heißes Metall wurden zwischen zwei Steinen oder zwischen zwei Holzstangen gehalten. Der Blasebalg war unbekannt, die Arbeiter fachten die Feuer mit Blasrohren an, die aufgesetzte Düsen aus Ton trugen. Alle Geräte der Landwirtschaft waren aus Holz, hölzerne Sicheln trugen eingesetzte Feuersteinmesser. Dies alles ist symptomatisch für Childes Stufe 2. Diese zweite Stufe mag etwa von 3000 v.Chr. bis um die Hyksos-Herrschaft (Ende 1540 v.Chr.), die das „Mittlere Reich" beendet, gedauert haben.

In Europa enden die chalkolithischen Kulturen auf dem Balkan recht abrupt gegen 2500 v.Chr. und eine Vielzahl neuer Kupfer- und Bronze-Kulturen entstehen. Um diese Zeit rechnet man auch den Beginn der Kupfer-Industrie auf der iberischen Halbinsel. Mitteleuropa besaß Ende des 3. Jahrtsd. eine Bronze-Industrie mit einer Vielfalt von Formen, die nach der Dendrochronologie älter als entsprechendes in Syrien ist. Im östlichen Mittelmeer entwickelt sich ein kräftiger Fernhandel zwischen Zypern mit seinen Kupfer-Vorkommen einerseits und dem minoischen Kreta und Syrien andererseits.

In Mesopotamien hinterlassen die Sumerer die Gräber von Ur (2600 v.Chr.), und am Indus bricht nach 2000 v.Chr. die Mohendschu-Daru- und Harrappa-Kultur unter dem Ansturm der indogermanischen Völker zusammen. Die Indus-Kultur hat uns neben großartigen Bauten und einem mit Asphalt ausgekleideten großen Bad die köstliche Figurine eines Tanzmädchens hinterlassen, gegossen in Bronze nach dem Wachs-Ausschmelzverfahren.

Angesichts einer Technik, die so weit in die frühesten Zeiten zurückreicht, wie dieser kurze Überblick gezeigt hat und die geographisch so weit entfernte Gebiete umfaßte, stellt sich automatisch die Frage, wie wohl der Durchbruch von der Steinzeit zur „Metallzeit" vor sich gegangen sein könnte.

Wo harte Tatsachen fehlen, ist es nicht nur verzeihlich, sondern auch notwendig, das Fehlende in der Phantasie vorsichtig und plausibel zu ergänzen. So sind denn auch zahlreiche Spekulationen über den Augenblick angestellt worden, als der Mensch zum ersten Male Kupfer aus einem Erz erzeugte. Mit hoher Wahrscheinlichkeit war das Erz dieses Augenblickes Malachit oder Azurit, das offen zu Tage lag. Beachtet man, daß gediegenes Kupfer in ausgewitterten Sedimentationszonen neben stark angereicherten Kupfererzen auftritt und daß man solche Fundplätze hier und da zweifellos gekannt hat, ergibt sich ein zwangloser Zusammenhang, zu dem nur noch ein offenes Lagerfeuer gehört, dessen glühende Kohlen das Erz zum Metall reduzieren.

Diese „Lagerfeuer-Hypothese" ist aber stark bezweifelt worden. Coghlan (1938) hat viele Versuche angestellt, um in einem vom Wind angefachten Lagerfeuer aus Malachit Kupfer zu erhalten. Statt des erwarteten Kupfers erhält man stets nur schwarzes Kupferoxid CuO, allenfalls rotes Cu_2O im Innern der Erzbrocken. Die Atmosphäre eines wind-angefachten Kohlenfeuers ausreichender Temperatur ist zu stark oxidierend, um das Erz zu Metall zu reduzieren.

Wir können Coghlans Ergebnis leicht simulieren:

Versuch 1: Coghlans Versuch

Man legt einige Bröckchen Malachit von 2–3 mm Durchmesser auf eine gut getrocknete flache Schale aus Modellierton (ca. 10 mm ⌀) und erhitzt mit der Spitze des blauen Kegels eines Lötbrenners. Man erhält schwarze Kügelchen aus CuO. Hat man nur kurze Zeit erhitzt, kann man im Innern der Kugel eine rubinrote kristalline Masse finden (Mikroskop!), deren Farbe an Kupfer erinnert, die sich aber zu einem sandigen Pulver zerschlagen läßt. Dies ist das Oxid des einwertigen Kupfers Cu_2O, dessen Aussehen man sich für spätere Versuche gut einprägen sollte. Das gleiche Ergebnis bekommt man, wenn man das Erz in einer kleinen Vertiefung eines Stückchens Holzkohle erhitzt.

Das Reduktionsvermögen der Kohle-Unterlage reicht nicht aus, um die oxidierende Wirkung der Flamme zu überwinden.
Vor dem Lötrohr ist es dagegen leicht, mit einer guten Reduktionsflamme auch ohne Zusätze Malachit auf Kohle zum Metall zu reduzieren. Eine heiße, reduzierende Flamme ist aber ein Kunstgriff, der nicht in die betrachtete Zeit paßt.

Coghlans und unser Ergebnis stehen im scheinbaren Widerspruch zu archäologischen Befunden, die zu einer späteren Epoche gehören. Aus späteren Zeiten sind nämlich Schmelzöfen bekannt, die einem mit ein paar Steinen umstellten Lagerfeuer gleichen und in denen nachweislich Kupfer erschmolzen worden ist. Wir können daraus den Schluß ziehen, daß es einer verfeinerten Metallurgie bedurfte, um in solch einfachen Öfen Kupfer zu erzeugen.
Doch zurück zum ersten Kupfer: Coghlan bietet eine experimentell belegbare neue Hypothese an, die entscheidenden Gebrauch von dem damals bereits erarbeiteten technologischen Besitz der Menschen macht. Danach kann in einem Töpferofen mit getrennter Feuerung, wie er manchen Kulturen jener Zeit bekannt war, durchaus eine reduzierende Atmosphäre herrschen. Um dies zu simulieren, packte Coghlan Malachit mit Holzkohle in einen Becher aus gebranntem Lehm und stellte das ganze, zugedeckt mit einem flachen Teller, ins Feuer. Unter diesen Bedingungen reduziert Malachit leicht zu Kupfer. Die erforderlichen Temperaturen sind nicht hoch, 700-800°C, also Rotglut, genügen.

Versuch 2: Reduktion von Malachit

Wir füllen einen der kleinen Tontiegel Lage um Lage mit Malachit-Brocken von 1-2 mm Größe und Holzkohlenpulver. Der Tiegel wird dann mit einem dünnen Fladen aus frischem Ton bedeckt und die Ränder gut geschlossen. Den so präparierten Tiegel läßt man am besten an einem warmen Platz oder auch durch Fächeln mit der Flamme vorsichtig austrocknen.
Der getrocknete Tiegel wird 20-25 min mit der großen Düse des Lötbrenners erhitzt. Der Luftabschluß und die Holzkohle garantieren eine reduzierende Atmosphäre um das Malachit. Dunkle Rotglut genügt, um das Erz zu reduzieren.

Nach dem Abkühlen findet man in der unverändert erscheinenden Holzkohle das Malachit als rostig-ziegelfarben aussehende Brocken von schwammiger Struktur. Man trennt die Brocken durch Blasen oder Ausschlämmen mit Wasser von der Kohle und teilt in zwei Portionen.

Unter dem Mikroskop erkennt man, daß die Brocken aus einem mehr oder weniger großen Anteil von bröseligem, oxidischem Material bestehen, das in eine schwammartige Masse eingebettet ist, die stellenweise Metallglanz zeigt. Geschmolzenes Material ist kaum zu finden.

Die reduzierten Erzbrocken lassen sich aber im Gegensatz zu denen aus Versuch 1 leicht durch Drücken mit einem Pistill oder leichtes Hämmern verformen. Sie gewinnen dabei zunehmend einen noch unreinen Metallglanz.

Abb. 6. Ungeschmolzenes Kupfer; mit Holzkohle aus Malachit bei dunkler Rotglut reduziert

Dies ist eine Beobachtung, die unsere Vorstellungen von der Entdeckung der Metallherstellung sehr erweitern kann: Es ist gar nicht nötig, Temperaturen bis zum Schmelzpunkt des Kupfers zu erreichen. Ein schmiedbares glänzendes Material wird auch schon bei Rotglut gewonnen. Die Eigenschaften der reduzierten Brocken sind so auffällig verschieden von allen anderen damals bekannten Stoffen, daß allein dieser Unterschied ausreichen müßte, um den Menschen auf ein neues Material aufmerksam zu machen und Verarbeitungsversuche anzuregen. Tatsächlich sind die ältesten bekannten Kupfergegenstände (soweit nicht aus gediegenem Kupfer hergestellt) *durch Hämmern* geformt und stark durch Einschlüsse verunreinigt.

Von unserem Experiment her scheint es möglich und vom technischen Stand der Frühkulturen her auch plausibel, daß die früheste Kupferherstellung über reduzierte, ungeschmolzene Erzbrocken gelaufen ist. Mancher der frühen Funde könnte aus dem reduzierten Erz durch Hämmern hergestellt worden sein. Dies um so mehr, als der Guß von reinem Kupfer ohne besondere Kunstgriffe nur schlecht zu machen ist. Metallographisch sollte sich diese Vermutung prüfen lassen; eine andere Frage ist es, ob man so wertvolle Stücke einer Vermutung wegen beschädigen sollte.

Versuch 3: Umschmelzen von Kupfer

Die zurückgehaltene Portion der reduzierten Erzbrocken aus Versuch 2 wird auf einem Stück Holzkohle mit der kleinen Düse des Brenners oder mit dem Lötrohr aufgeschmolzen (Spitze des blauen Flammenkegels direkt an das Material bringen!). Man erhält einen schönen metallischen Regulus, auf dem, je nach der Reinheit des Minerals, Schlacken schwimmen. Dieser Regulus läßt sich leicht ausschmieden und von Schlacken befreien. Man achte auf die beim Hämmern spürbar zunehmende Härte des Werkstücks. Auch diese Beobachtung hat eine historische Bedeutung, auf die wir später zurückkommen.

3 Frühe Industrie

Die Entwicklung des Kupfers vom Metall für „exotische" Schmuckstücke zum Material für spezielle Werkzeuge und Waffen setzt die Erfindung eines produktiven Schmelzverfahrens voraus. In dem ganzen riesigen Land von Ägypten über Palästina, Syrien, Anatolien, Mesopotamien und Persien bis an die Berghänge des Indus-Tales hat sich der Übergang von Childes Stufe 0 zur Stufe 1 grobgerechnet im 4. Jahrtausend v. Chr. vollzogen.

Chalkolithische Schmelzer in Timna

Durch einen unglaublichen Glücksfall besitzen wir heute exemplarische aber genaue Kenntnisse über die Kupfer-Erzeugung in jener, nahezu 6000 Jahre zurückliegenden Zeit: Palästina-Forscher und Bibel-Archäologen haben seit rund 50 Jahren Ausschau nach den Quellen des Metallreichtums gehalten, über den König Salomo (1. Könige 7, 13-47, 10. Jh. v.Chr.) verfügte. Dabei stieß Nelson Glueck auf alte Kupferminen und Schmelzschlacken. Moderne, systematische und großflächige Untersuchungen der archäologisch interessanten Kupfer-Vorkommen in der Umgebung von Eilath durch Rothenberg (1959-70) führten zur Entdeckung von Kupferminen und Schmelzöfen im Timna-Tal, einem kleinen Seitenarm des Wadi Araba, etwa 30 km NNO von Eilath. Dort fanden sich auf engstem Raum nebeneinander Hüttenanlagen und Bergbau aus dem Chalkolithikum, der Ramessiden-Zeit und der römischen III Legion Cyrenaica. Nach dem Verschwinden der Römer wurde in diesem Tal bis in unsere Zeit fast nicht mehr gearbeitet, so daß alte und älteste Spuren bis heute erhalten blieben. Im modernen Staat Israel wurde der Kupferbergbau wieder aufgenommen – 6000 Jahre Kupfergewinnung an einem Platz.

Den Beginn in Timna machten chalkolithische Hüttenleute im vierten Jahrtausend v.Chr. Sie waren Teil einer Stammesgemeinschaft halbnomadischer Art, die sich im Gebiet der Kupfer-Vorkommen niedergelassen hatte. Die Position der Erzvorkommen bestimmte die Lage der Bergbau- und Aufbereitungscamps, während die Lage der eigentlichen Schmelzplätze von Akazienbeständen als Brennmaterial, von Wasser und dem die meiste Zeit des Jahres wehenden Nordwind für den Betrieb der Öfen abhängig war. Diese schon durchaus bedeutende Kupfer-Industrie des Chalkolithikums scheint sich noch im Übergangsstadium von kleinen Familienbetrieben nomadischer Sippen zu einem durchorganisierten Gemeinschaftsunternehmen zu befinden. Verteidigungsanlagen fehlen, die Welt dieser Menschen muß friedlich gewesen sein.

Neben Scherben einer groben Keramik wurden Werkzeuge aus Stein und Feuerstein, aber nicht aus Metall gefunden. Die Keramik sichert die archäologische Zeitbestimmung, die Art des Werkzeugbestandes gehört zur technologischen Stufe Null oder Eins nach Childe.

Das Kupfer-Erz tritt in Timna hauptsächlich in Form von knollenartigen Erzausscheidungen in einem weißen Sandsteinhorizont der das Tal begrenzenden Klippen auf. Es ist im engen Zusammenhang mit verkieselten Bäumen zu finden, die in den Sandstein horizontal eingeschwemmt sind. Diese Bäume lassen noch die Holzstruktur erkennen.

Ihr organisches Material wurde zunächst durch Pyrit FeS_2 ersetzt, der dann im weiteren Verlauf durch Kupfersulfide verdrängt wurde, die äußerlich zu Azurit und Malachit verwitterten. Typische Erzknollen zeigen von außen nach innen eine Bänderstruktur von Malachit, Azurit und Kupferglanz mit geringen Beimengungen anderer Kupfererze sowie gelegentlich einen Kern von nicht umgesetztem Pyrit (B. H. McLeod). Die chemische Zusammensetzung (nach A. Lupu) wird annähernd dargestellt durch:

Cu	25–37	in Gewichtsprozenten
SiO_2	20–30	
Fe_2O_3	4– 6	
MnO	0– 5	
CaO	0,2	
MgO	0– 2	
Zn, Pb	Spuren	

In den chalkolithischen Anfängen bestand der „Bergbau" wohl hauptsächlich im Einsammeln von solchen Erzknollen im Geröll am Fuße der Klippen, wobei aber schon auf möglichst hohen Kupfer-Gehalt und geringen Gehalt an Kieselsäure ausgelesen wurde.

Das Erz wurde in schweren Steinmörsern zerkleinert, durch Windsichtung aufbereitet und zu den weiter entfernten Schmelzplätzen transportiert. Das gemahlene Kupfer-Erz mit seinem Gehalt an Pyrit erhielt schon bei der ältesten nachgewiesenen Verhüttung einen Zuschlag von gemahlenem Eisen-Erz (Hämatit aus dem gleichen Erz-Horizont) und Kalk. Wahrscheinlich wurden unter Wasserzugabe aus dem pulverförmigen Gemenge von Erz und Zuschlagstoffen sowie Holzkohle Klumpen für die Ofenbeschickung geformt.

In diese Zeit gehört der älteste aller bisher gefundenen *Schmelzöfen für Kupfergewinnung* (Timna, Platz 39). Er besteht aus einer flachen Mulde oder Schüssel von 45 cm Durchmesser, die in eine Schicht harten roten Sandes eingetieft wurde. Vom Boden an umgab diese

Schüssel eine kompakte runde Steineinfassung aus Sandsteinen von schätzungsweise 50 bis 60 cm Höhe, Es fand sich keine Verschmierung mit Ton oder Lehm. Einlässe für Blasebälge oder ähnliches wurden nicht gefunden, der Ofen lag aber auf der Höhe eines Hügels und war den ständigen starken Nordwinden der Gegend ausgesetzt.

Um in einem so einfachen Ofen Kupfer erschmelzen zu können, bedurfte es einer besonderen verfahrenstechnischen Erfindung der alten Hüttenmänner, nämlich der Erzeugung einer geeigneten *Schlakke.*

Wir wissen von der Ofenbeschickung im chalkolithischen Timna folgendes: Das gemahlene Erz wurde durch Windsichtung gereinigt. Dabei wurden in der Hauptsache Sand und leichte Silicate abgetrennt. Danach erfolgten Zuschläge von verkieseltem Holz und Hämatit aus dem gleichen Vorkommen, weiter ein Kalkzuschlag, möglicherweise aus gemahlenen Muschelschalen vom Strande des Roten Meeres.

Eisenoxid (Hämatit oder auch andere Eisenerze) gibt mit Kieselsäure und Kalk eine schwarze glasige Schlacke. Je nach Zusammensetzung schmilzt diese Schlacke schon bei weniger als 1000°C. Sie wirkt als Flußmittel für das Erzgemisch und schützt das Schmelzgut vor dem oxidierenden Angriff der Feuergase. Wir hatten also hier im 4. Jahrtausend v. Chr. trotz der einfachen Öfen bereits eine recht entwickelte metallurgische Technik vor uns. Erst die Kunst, eine gute Schlacke zu erzeugen, macht die Kupfer-Gewinnung in so einfachen Öfen möglich.

Besonders interessant ist die Verwendung eines Eisen-Erzes zur Schlackenbildung, denn hier ist die viel spätere Entdeckung des Eisens schon gleichsam vorgezeichnet. Außerdem darf man vermuten, daß die glasigen Schlacken der alten Kupferöfen auch der Ausgangspunkt für die Erfindung des Glases waren. Es lohnt daher, der Schlacke ein besonderes Experiment zu widmen.

Versuch 4: Schlacke

Wir stellen zunächst je einige Milliliter feines Pulver aus folgenden Materialien her:

Hämatit oder Limonit;

verkieseltes Holz, am besten eine
Sorte, die stärker nach Holz und nicht
so sehr nach Quarz aussieht;
Schulkreide als Kalkzuschlag
und sammeln die gleiche Menge weiße bis hellgraue Holz- oder Ziga-
retten-Asche.
Man beginnt am besten mit einer Mischung aus gleichen Volumentei-
len der Pulver, feuchtet mit etwas Speichel in der offenen Handfläche
an und formt Klümpchen in der Größe von ca. 3 Streichholzköpfen.
Diese Klumpen erhitzt man auf Kohle oder einem Tonschälchen mit
der Spitze des blauen Flammenkegels (kleine Düse). Zur Entstehung
des Glases ist eine Reaktion der festen Bestandteile erforderlich, man
muß also beim ersten Mal länger erhitzen als bei einer schon fertigen
Schlacke. Die Mischung ist gut, wenn innerhalb von 20 Sekunden bei
rötlicher Gelbglut leicht eine Schmelzkugel erzielt wird.
Zugabe von Asche senkt den Schmelzpunkt, Eisenerz und Kieselholz
erhöhen ihn. Man versuche, den Eisengehalt der Schlacke möglichst
hoch zu halten. Absenkung des Schmelzpunktes unter 1000° C ist nicht
erforderlich. Haben wir eine gut schmelzende Zusammensetzung ge-
funden, können wir eine entsprechende Vorratsmischung aus den Roh-
materialien herstellen und für weitere Versuche aufbewahren.
Beim Zerschlagen einer solchen Schlackenprobe erkennt man (Mikro-
skop) die glasige Beschaffenheit, die schwarze Farbe von Eisen und
viele Blasen als Zeichen der stattgefundenen Reaktion.

Bei den im chalkolithischen Schmelzprozeß in Timna erzielten
Temperaturen war die Schlacke noch recht zähflüssig und gestattete
es nicht, daß die reduzierten Kupferperlen zu einem größeren Regulus zusammenliefen. Vielmehr blieb das gewonnene Kupfer in
Tropfenform in der Schlacke. Nach dem Erkalten zerschlug man
die Schlacke, wie kleine Halden zerkleinerter Schlacke beweisen,
und die Kupfer-Teilchen wurden ausgelesen. Größere Tropfen
konnten vielleicht schon in dieser Stufe durch Schmieden weiterverarbeitet werden, der Rest des Kupfer-Granulates durchlief einen
zweiten Schmelzprozeß in einem Tiegel, um größere homogene
Kupfer-Mengen zu erhalten. Das in Timna erschmolzene Metall
hatte nach Ausweis der Analyse einen deutlichen Schwefelgehalt:

Cu   89–92   in Gewichtsprozenten
Fe   5–10
Pb   0,2–1,2
S   0,01–0,1

sowie Spuren von Silber, Arsen, Antimon, Nickel und Kobalt. Der Schwefelgehalt des Metalles und die Zusammensetzung der Erze, teils oxidisch, teils sulfidisch, weisen darauf hin, daß die tatsächliche Bereitung des Kupfers nach einem Chemismus verlief, der dem heutigen „Röstreaktionsverfahren" ähnlich gewesen ist.

Das *Röstreaktionsverfahren* setzt im wesentlichen ein Gemisch von Kupfersulfid mit Kupferoxid um, wobei der im Oxid vorhandene Sauerstoff den Schwefel des Sulfids verbrennt und das elementare Metall übrigbleibt. Durch diese interne Verbrennung wird ein Teil der Prozeßwärme geliefert, der Prozeß verläuft mit geringerem Energieaufwand und bedarf keiner besonderen Regelung der Zusammensetzung der Heizgase, wie sie für die einfache Reduktion des Malachits erforderlich wäre.

In Gleichungsform (stark vereinfacht):

$$2\ Cu_2O + Cu_2S \rightarrow 6\ Cu + SO_2.$$

Vom glatten Verlauf dieser Röstreaktion überzeugt der folgende Versuch:

Versuch 5: Kupfer nach dem Röstreaktionsverfahren

Nach Versuch 1 erhält man aus Malachit sehr leicht ein Gemisch von Cu_2O und CuO. Man kann daher auf die getrennte Herstellung der Oxide aus dem Malachit auch verzichten und gleich eine Mischung von Malachitpulver und etwa der gleichen Menge von fein zerriebenem Kupferglanz herstellen. Man hat dann einen gewissen Überschuß von Schwefel in der Mischung, der die direkte Verbrennung in der offenen Flamme kompensieren soll. Das Gemisch wird mit Speichel zu einem Klumpen geformt und auf Kohle oder Tonschälchen aufgeschmolzen. Man erhält einen schönen Regulus in schwarzer Schlacke von nicht umgesetztem Kupferoxid.

Das natürliche Erzgemisch von Timna hatte einen stark wechseln-
den Sulfid-Gehalt, daher wäre die Kupfer-Ausbeute (wie die

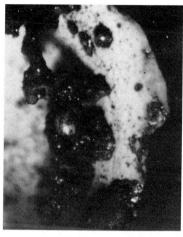

Abb. 7. Kupfer nach dem Röstreaktions-Verfahren von Versuch 5

Schlacke von Versuch 5 zeigt), nur klein gewesen. Hier kommen die
Zuschläge für die künstliche Schlackenbildung zur Wirkung.

Versuch 6: Reduktion von Malachit mit Hilfe einer
künstlichen Schlacke.

Man vermenge innig etwa gleiche Raumteile der Schlackenmischung
von Versuch 4 und feingemahlenem Malachit. Mit Speichel kleine
Klumpen formen wie bei früheren Versuchen und mit Spitze des
blauen Flammenkegels aufschmelzen. Eine heftige Bewegung der
Schmelze zeigt den Ablauf der Reaktion an. Man kann, um einen grö-
ßeren Regulus zu erhalten, mehrmals neues Gemisch auf die gut
durchgeschmolzene Probe geben und erneut aufschmelzen.
Am Ende des Versuches hat man eine größere schwarze Schlackenku-
gel, die eine oder mehrere Kupfer-Kugeln enthält. Die Identifikation
gelingt nach dem Zerschlagen der Schlacke am einfachsten durch ein
Aushämmern des Kupfers. Das Resultat zeigt deutlich, daß durch die
Erfindung der schlacke-bildenden Zuschläge die Reduktion des Mala-
chits auch im oxidierenden Feuer möglich wird.

Vollständig analog zur Arbeitsweise der Alten erhalten wir einen noch besseren Reaktionsverlauf und sichtbar höhere Ausbeuten, wenn wir schließlich wie in Timna ein Gemisch aus sulfidischem und oxidischem Erz einsetzen, also eine Kombination des rein thermischen Malachit-Zerfalles mit dem Röstreaktionsverfahren durchführen.

Versuch 7: Simulation des Timna-Verfahrens (s. Farbtafel 1)
Der Versuch wird in allen Einzelheiten gleich dem Versuch 6 durchgeführt. Lediglich an Stelle des reinen Malachits wird eine Mischung aus etwa gleichen Teilen Malachit und Kupferglanz (wie Versuch 5) eingesetzt.
Die Reaktion läuft sehr leicht und glatt und liefert erkennbar eine weit bessere Ausbeute.

Erst jetzt haben wir eine Verfahrenstechnik erreicht, die im 4. Jahrtausend v. Chr. bereits *industriell* im Gebrauch war. Versuch 6 hat aber auch gezeigt, daß die Kupfer-Herstellung mit einfachen Öfen nicht an die zufällig so günstigen Timna-Erze gebunden war.
Der hohe Eisen- und Schwefel-Gehalt des Timna-Kupfers ist als Folge des Schmelzverfahrens verständlich. In der Literatur wird gelegentlich vermutet, daß die frühe Kupfer-Herstellung auf der Basis rein oxidischer Erze erfolgte und erst zu einem viel späteren Zeitpunkt, nämlich zu Beginn von Childes Stufe 3, die Massenherstellung von Kupfer durch die Verarbeitung sulfidischer Erze möglich wurde. Wir haben in Timna ein Beispiel dafür, daß schon sehr früh sulfidische Erze in Mischung mit oxidischem Material verarbeitet wurden.
In Timna wurde zu allen Zeiten nur Kupfer-Halbzeug hergestellt. Fertigfabrikate fehlen völlig, ein Zeichen für eine arbeitsteilige Wirtschaft. Metall wurde als Rohmaterial in große Entfernungen gehandelt und in Werkstätten, die örtlich nichts mit dem Erzeuger zu tun hatten, weiterverarbeitet.

Die Ägypter in Timna
Nach den chalkolithischen Berg- und Hüttenmännern kehrte in Timna wieder jahrtausendelang Ruhe ein. Erst in der späten Bron-

zezeit wird der Abbau der Erze und ihre Verhüttung wieder aufgenommen. Diesmal sind es die Ägypter, die hier, weit vom Mutterland, einen regelrechten durchorganisierten Großbetrieb zur Kupfer-Gewinnung einrichten. Die chemischen Prozesse sind, da man ja das gleiche Erzlager abbaut, von denen des Chalkolithikums nicht nennenswert verschieden. Nach wie vor wird das überwiegend oxidische Erz in einem einzigen Schmelzgang zu Kupfer reduziert.

Neu ist, wenigstens hier in Timna, die Verwendung des Blasebalges. Er ist zu dieser Zeit auch an anderen Stellen der damaligen Welt bekannt.

Die Öfen enthalten einen oder zwei Durchlässe in der Wandung, durch die der künstliche Wind in die Schmelzzone geblasen wird. Die damit erzielbaren höheren Temperaturen ergeben eine dünnflüssige Schlacke, in der das Kupfer auf den Boden des Ofens absinken kann. Zum Schutz der Gebläserohre dienen tönerne Schutzmundstücke, die von nun an in praktisch allen Öfen der Welt gefunden werden.

Um einen längeren Betrieb des Ofens zu erreichen, haben offenbar die Ägypter den „Abstich" erfunden: Über dem napfartig eingetieften Boden des Ofens, dem Herd, befindet sich ein Loch, aus dem die dünnflüssige Schlacke abfließen kann, während die schwerere Kupfer-Schmelze auf dem Ofenboden, dem Herd, verbleibt.

Die flüssige Schlacke lief in einen von Steinen eingefaßten Vorplatz, den Vorherd, und erstarrte. Durch einen in der Mitte des runden Vorherds angebrachten Stein oder Tonklumpen ergab sich in der Mitte des runden Schlackenfladens ein Loch. Mit einem Haken konnte der Schlackenfladen leicht aus dem Vorherd entnommen werden. Solche Schlackenringe kamen auf Halde, sie sind später von ärmeren Nachfolgern zerschlagen und auf Kupfer-Reste abgesucht worden.

Ein Ofen der ägyptischen Epoche von Timna hat ein Fassungsvermögen von 70 bis 100 Litern. Das Gewicht einer Charge mag zwischen 200 und 400 kg gelegen haben. Rothenberg schätzt die Tagesleistung eines solchen Ofens auf 20 bis 60 kg Kupfer.

Zu den Schmelzanlagen gehörte eine größere „Infrastruktur": Wohnhäuser, Zisternen, Befestigungen, Werkstätten, Tiegelschmelzöfen, Kohlenmeiler (archäologisch nachgewiesen mit einer Größe von 2,5 × 3,5 m) sowie Kultstätten der verschiedenen an den Arbeiten beteiligten Rassen.

Die Untersuchungen haben weiter ergeben, daß die Ägypter die in der Nähe wohnenden Midianiter und Amalekiter zunächst als Arbeiter in einem vielleicht etwas feindseligen Klima einsetzten, daß sich aber aus diesen Anfängen im Laufe der Zeit eine friedliche Partnerschaft entwickelt hat. Ein der Hathor geweihter Tempel läßt eine genaue Datierung dieses Abschnittes zu, da in seinen Trümmern zahlreiche Gegenstände mit Inschriften von Pharaonen-Namen gefunden wurden. Die Inschriften reichen von Sethos I. (1318–1304 v. Chr.) bis Ramses V. (1160–1156 Chr.).

Kupfer aus dem Mitterberg

Der gewaltig steigende Bronzeverbrauch der mittleren und späten Bronzezeit verlangte eine immer größere Produktion von Kupfer; oder umgekehrt: Stärkerer Bergbau und neue Hüttenverfahren lieferten gegen Ende der Bronzezeit soviel Rohmetalle, daß immer mehr Gegenstände aus Bronze gefertigt werden konnten.

Ein Zentrum dieser neuen Berg- und Hüttentechnik lag in den Ostalpen. Hier gab es seit der mittleren Bronzezeit eine ganze Reihe von Kupfer-Gewinnungsplätzen, die uns den Stand der Technik gut erkennen lassen. Der am besten untersuchte und vielleicht auch damals bedeutendste Platz ist der Mitterberg bei Bischofshofen, ca. 50 km südlich von Salzburg an der Tauern-Autobahn. Hier eröffnete 1827, durch Erzfunde angeregt, Johann Zöttl ein Kupferbergwerk. Dabei fand man in den folgenden Jahrzehnten immer wieder Bronzewerkzeuge, Hämmer aus Stein und Bonze, Keramikscherben, Holzgeräte und alte, mit Ruß bezogene Stollen.

Seit rund 100 Jahren wurde der prähistorische Bergbau am Mitterberg viel diskutiert und untersucht. Much, Klose, Kyrle, Zschocke, Preuschen und Pittioni haben den Bergbau und die Hüttenplätze beschrieben und bearbeitet. Systematische Grabungen sind gegenwärtig unter C. Eibner mit großem Erfolg im Gange.

Grundlage des dortigen Bergbaues ist ein im Mittel etwa 1,5 m mächtiger Gang von Kupferkies. Der „Hauptgang" zieht sich vom Arthurhaus bei Mühlbach am Hochkönig etwa 1,2 km in östlicher Richtung. Westlich vom Arthurhaus teilt sich der Hauptgang in mehrere Zweige, und auch südlich vom Hauptgang sind mehrere Nebengänge bekannt.

Der Hauptgang wurde in der Bronzezeit von Osten beginnend nach Westen zu durch Feuersetzen abgebaut. Der Weg des alten Berg-

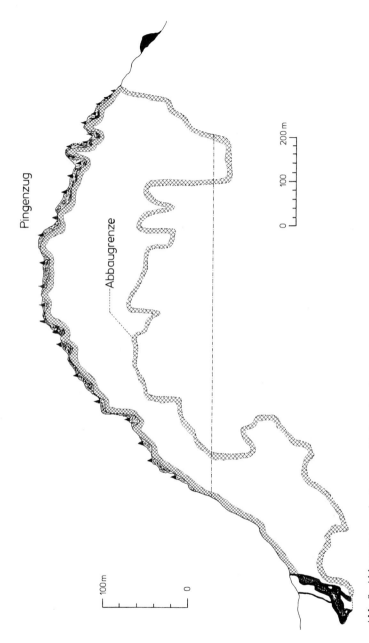

Pingenzug

Abbaugrenze

100m

0

0 100 200 m

Abb. 8. Abbaugrenzen des bronzezeitlichen Bergbaues am Mitterberg (nach Kyrle)

27

baues läßt sich an der Oberfläche durch einen ununterbrochenen Pingenzug (Einbruchstrichter) verfolgen. Auch die westlichen Verzweigungen sind in der Bronzezeit abgebaut worden, ebenso wie einige südliche Nebengänge. Der moderne Bergbau hat beim Versuch, den Hauptgang anzufahren, immer und immer wieder den „Alten Mann", das heißt die mit Versatz gefüllten Baue der Bronzezeit, angeschnitten. Wir verdanken den modernen Abbauversuchen ein recht genaues Bild der alten Gruben. Man schätzt, daß hier ehedem etwa 800000 Tonnen (!) Gestein abgebaut worden sind. Teufen von 160 Metern wurden erreicht. Man beherrschte auch die Kunst, Versetzungen zu folgen und brüchige Strecken durch Stempel abzustützen. Solche Stempel ergaben nach der ^{14}C-Methode ein Alter der Baue von 3450 Jahren vor heute, d. h. um die Mitte des zweiten Jahrtausend vor Christus, etwas früher als die Ramessidischen Baue von Timna (Eibner). Abgesetzter Ruß, Reste von Steigbäumen und Feuerbühnen, Lichtspäne und Rillenschlägel geben ein deutliches Bild von den Arbeitsmethoden. Aber nicht nur Steinwerkzeuge, auch bronzene Hämmer, Brechstangenköpfe und Pickel wurden am westlichen Ende des Hauptganges, im „Heidenloch", gefunden und sind im Salzburger Museum zu sehen. Diese Bronzewerkzeuge sind eine sehr lebendige Illustration der Childeschen Stufe 3, nämlich des Gebrauchs von Metall auch für grobe und schwerste Arbeit. Der Fundort am westlichen Ende des Ganges deutet auf einen relativ späten Zeitpunkt der Anwendung dieser Werkzeuge hin.

Das gebrochene Gestein wurde auf Scheideplätzen in Erz und Gangart getrennt. Das Scheidematerial bedeckt weite Flächen um den Pingenzug mit einer Höhe von drei bis vier Metern und läßt den Besucher ahnen, daß hier Bergbau von gewaltigem Ausmaß betrieben wurde.

Am südöstlichen Ende des Pingenzuges befindet sich eine moorige Fläche von grob geschätzt 10000 m². Einen kleinen Teil dieser Fläche hat C. Eibner in den letzten Jahren ausgegraben und Teile einer Erzwaschanlage aus mehreren hölzernen, in den Boden eingelassenen Becken von etwa 10 m² Flächeninhalt, eine Gewandnadel, Textilreste und größere, mit Steinen gepflasterte Arbeitsflächen aufgedeckt.

Das gereinigte Erz wurde, möglicherweise mit organischem Material zu Klumpen geformt, in weit über das Gelände verstreuten Hüttenplätzen auf Rohkupfer verarbeitet. Etwa 200 Schmelzplätze sind bekannt. Sie bestehen in der Regel aus zwei Öfen und liegen unmittelbar an kleinen Wasserläufen. Erst in neuester Zeit sind auch die für den Prozeß erforderlichen Röstbetten an mehreren Schmelzplätzen gefunden worden.

Die Öfen sind regelmäßig in einen Abhang eingegraben (Eibner) und bestehen aus steinernen Trockenmauern ohne besondere Verschmierung. Sie sind 40 bis 50 cm breit und ca. 50 bis 60 cm lang. Die Höhe ist, dem Erhaltungsgrad entsprechend, nur schwer anzugeben, der in die Erde eingetiefte Teil der Öfen mißt bis zu einem halben Meter in der Höhe, ob und wie weit sich die Öfen über

Abb. 9. Schmelzofen vom Mitterberg aus der Ausgrabung von C. Eibner, 1981

dem Bodenniveau erhoben haben, ist ungewiß. Solche Öfen können nicht nur mit Naturzug betrieben worden sein. Tatsächlich kennt man aus dieser Zeit, wenn auch von anderen Orten, Reste von tönernen Blasebälgen (Moosleitner, Eibner). Talabwärts von den Öfen finden sich zum Teil recht große „Schlackenwürfe", deren

Masse 20 Tonnen überschreiten kann. Schätzungen der Gesamtproduktion dieses Industriegebietes sind schwierig. Die Schätzung aufgrund der Schlacken ist nicht zuverlässig, da man nicht alle Schmelzplätze kennt und die Schlacken durch Erosion und menschliche Hand teilweise verschwunden sein können. Nach der Größe des abgebauten Erzstockes kommen Zschocke und Preuschen auf die gewaltige Zahl von etwa 17 000 Tonnen Kupfer, die hier am Mitterberg in einer etwa 1000jährigen Arbeit gewonnen wurden.

Die technische Großleistung der alten Bergleute wird von der der Hüttenmänner wohl noch übertroffen. Aus der Untersuchung der Schlacken- und Ofenplätze entsteht das Bild einer chemischen Verfahrenstechnik, die überhaupt nicht in das landläufige Bild der „Vorzeit" passen will.

Der Kern des Problems liegt in der Tatsache, daß das Mineral entsprechend seiner idealisierten chemischen Formel nur 34,6% Kupfer und 34,9% Schwefel, aber dazu 30,4% Eisen enthält. Beide Metalle sind also nahezu in gleichen Mengen im Mineral gebunden und müssen sauber getrennt werden. Die Trennung wird dadurch möglich, daß die Affinität zum Sauerstoff bei Eisen größer ist als beim Kupfer, wogegen die Affinität zum Schwefel bei Kupfer größer ist als bei Eisen.

Kupferkies schmilzt leicht zu einer matten schwarzen Masse. Diese Masse nennt man „Stein" und spricht daher von „Steinschmelzen". Der „Kupferstein" hat keinerlei Ähnlichkeit mit einem Metall und kann auch nicht durch reduzierendes Schmelzen allein in Kupfer überführt werden. Allerdings kann – je nach Temperatur und chemischer Zusammensetzung der Flammengase – gelegentlich eine sehr geringe Menge Kupfer ausgeschieden werden, die meist fein verteilt ist und schnell wieder oxidiert.

An Stelle der einfachen Reduktion beim Malachit oder des ebenfalls noch sehr direkten Schmelzverfahrens von Timna muß beim Kupferkies ein kunstvolles, mehrstufiges Verfahren angewendet werden:

1. Durch vorsichtige Oxidation des Erzes wird zunächst der *Eisengehalt in die Oxide* überführt. Hierbei muß man grob die Hälfte des Schwefel-Gehaltes verbrennen, damit das schwerer oxidierbare Kupfer noch als Sulfid erhalten bleibt. Treibt man die Röstung zuweit, so geht das dann gebildete Kupferoxid in der Schlacke des nächsten Schrittes verloren. Die Röstung erfolgt in offenen Feuern

auf „Röstplätzen", die höchstens durch ein paar Steine begrenzt sind und den Luftzutritt von allen Seiten gestatten.

2. In einem zweiten Schritt kann nun die *Entfernung des Eisens* aus dem Erz geschehen. Das Röstprodukt wird in einem Schmelzofen unter reichlicher Zugabe von Quarz aufgeschmolzen. Dabei müssen leicht reduzierende Bedingungen eingehalten werden, damit der Fe_2O_3 aus dem abgeröstetem Erz in FeO übergeht. Nur letzteres kann sich mit der Kieselsäure zu einem verhältnismäßig niedrig schmelzendem Mineral, dem Fayalith Fe_2SiO_4, verbinden. Der entstehende schwarze, manchmal glasige Fluß trennt sich wegen der unterschiedlichen Dichte von dem ebenfalls geschmolzenem *Kupfersulfid*.

Abb. 10 Schlacke aus etwa der Mitte des Prozesses zur Eisenextraktion mit erhaltenen Quarzzuschlägen

3. In einem weiteren Schmelzgang mit oxidierendem Feuer wird der Kupferstein weiter angereichert. Im oxidierenden Feuer gebildetes, fein verteiltes Fe_2O_3 reagiert mit Eisensulfiden zu FeO und SO_2 ohne das Kupfersulfid anzugreifen.

Aus diesen Prozessen stammt die große Menge der heute noch vorhandenen Schlacken. Ein Teil der Schlacke wurde kleingeschlagen und offenbar dem ersten Schmelzschritt als Flußmittel wieder zugeführt.

Das Produkt des zweiten Schmelzganges war ein blaues Kupfersulfid mit etwa 3% Eisen und rund 15% Schwefel. Eine solche

Schmelze zerfällt in zwei nicht mischbare flüssige Phasen: metallisches Kupfer und Cu_2S. Läßt man der Schmelze genügend Zeit, setzt sich metallisches Kupfer am Boden ab. Dieses „Bodenkupfer" war vermutlich das Endprodukt der bronzezeitlichen Hüttenbetriebe.

Über die Weiterverarbeitung des übriggebliebenen Cu_2S fehlen archäologische Hinweise. Man kann vermuten, daß das Sulfid, wie schon ein Teil der Schlacken, wieder in eine frühere Stufe des Prozesses zurückgeführt wurde. Es würde dann mit neuem Erz bzw. Kupferstein wieder neues Bodenkupfer ergeben. Die an Einschlüssen in den Schlacken gelegentlich beobachteten hohen Kupfer-Anreicherungen können als Indiz für ein solches Vorgehen verstanden werden. Im Unterschied zum bronzezeitlichen Verfahren hat man später (siehe z. B. Agricola) den Kupferstein nicht so hoch angereichert, sondern bei etwa 50% Kupfergehalt ganz oder teilweise abgeröstet und dann reduzierend geschmolzen.

Die gewöhnliche naßchemische *Brutto-Analyse der Schlacken* von verschiedenen Plätzen am Mitterberg ergibt wechselnde Eisengehalte zwischen rund 40 und 55 Gew.-%, denen 20 bis 40 Gew.-% SiO_2 gegenüberstehen. Dazu kommen als Verunreinigungen um 5 bis 15% Oxide des Mangans, Calciums und Aluminiums, die den Schmelzpunkt der Schlacke auf etwa 1100°C gesenkt haben. Kupfer, und das ist erstaunlich, wird nur selten und dann in Mengen unter 2% gefunden! Dies ist ein erster Hinweis auf die Sorgfalt und Kunstfertigkeit der Schmelzer. Es ist aber auch Quelle mancher Unsicherheit: Schlacken von der Kupferproduktion aus Kupferkies lassen sich chemisch kaum von Eisenschlacken unterscheiden, wenn nicht zufällig Ausblühungen von Malachit als Verwitterungsprodukt winziger Reste das Auge aufmerksam machen. Manche Schlacke wird man schon als „Eisenschlacke" klassifiziert haben, die in Wirklichkeit aus der Verarbeitung des Kupferkieses stammt.

Die Mitterberg-Schlacken zeigen ihre Herkunft aus der Kupfer-Verhüttung erst deutlich, wenn man sie in Scheiben schneidet, schleift und poliert. Dann werden schon bei geringer Vergrößerung Einschlüsse in Form von Schlieren und Kugeln sichtbar, die sich durch auffallende Farben von der Schlacke abheben. Die Farben reichen von sattem Blau über Messing- und Gold-Töne bis hin zur Farbe des Eisens. Mit der Mikrosonde findet man, daß alle Eisenschlüsse dieser Art aus Kupfer, Eisen und Schwefel bestehen. Es sind „Kupfersteine" in verschiedenen Stadien der Abtrennung des Eisens. Aus diesen Einschlüssen kann man einen mehr als 3000 Jahre alten metallurgisch-chemischen Prozeß in allen Einzelheiten erschließen. Einige Beispiele mögen hier genügen:

Man kennt die Schmelzpunkte der verschiedenen Zusammensetzungen des Systems Cu-Fe-S. Findet man nun einen Einschluß bekannter Zusammensetzung in der Form einer einwandfreien Kugel, so folgt, daß die Schmelze tatsächlich den Schmelzpunkt dieser Zusammensetzung überschritten hatte. Stark eisenhaltige Einschlüsse haben Schmelzpunkte über 1350 °C. Aus der Kugelform solcher Einschlüsse folgt, daß in den ersten Phasen des Prozesses mindestens 1350 °C tatsächlich erreicht wurden. Bei solchen Temperaturen war die Schlacke bereits sehr dünnflüssig und ist in Form dichter, harter und klingender Fladen erhalten, sogenannter „Plattenschlacke".

Mit wachsender Anreicherung des Kupfers sinkt der Schmelzpunkt der Einschlüsse. Blaue Einschlüsse haben Schmelztemperaturen unter 1200 °C. Für diese Temperaturen konnte man das Feuer langsam dämpfen, wobei die Schlacke zähflüssiger wurde, wie man auch aus ihrer Form erkennen kann.

Untersucht man eine große Zahl von Einschlüssen aus den verschiedensten Schlackenhaufen, findet man nie weniger als etwa 3% Eisen. Man kann daher annehmen, daß der Schmelzprozeß etwa bei diesem Gehalt abgebrochen wurde. Besonders bemerkenswert ist der Schwefel-Gehalt der Einschlüsse, er zeigt den Grad der Abröstung vor dem Schmelzen und, wenn man mit dem Eisengehalt vergleicht, die Sorgfalt bei der Prozeßführung. Tatsächlich sind innerhalb eines Schlackenstückes – also innerhalb einer einzigen Charge – die Schwefel-Gehalte unabhängig vom Eisengehalt nahezu konstant.

Dies bedeutet, daß man das Feuer während der ganzen Extraktion des Eisens sehr genau so führen konnte, daß das Kupfer stets an Schwefel gebunden blieb; eine beachtliche Leistung der alten Hüttenmänner, denen ja nur die Nase als analytisches Werkzeug zur Verfügung stand. Die vor dem Schmelzen erfolgte Röstung hat bei allen untersuchten Schlacken von verschiedenen Öfen stets einen Schwefel-Gehalt zwischen 18 und 15 Gew.-% (bezogen auf den Kupferstein) ergeben. Auch der Röstprozeß ist offenbar sehr sorgfältig überwacht worden. Der folgende Versuch gibt einen Eindruck von den Schwierigkeiten, die die alpinen Hüttenleute schon um die Mitte des zweiten Jahrtausends v. Chr. meistern konnten. Wer ihn ausführt, halte sich vor Augen (vor allem bei anfänglichen Fehlschlägen), daß die archäologischen Befunde am Mitterberg die Anwendung dieses komplizierten chemischen Verfahrens zweifelsfrei nachweisen! Die mehrfache Folge von Rösten, reduzierendem und oxidierendem Schmelzen ist die damals einzige Art gewesen, Kupfer und Eisen wirkungsvoll zu trennen. Sie hat sich im Prinzip von der mittleren Bronzezeit über das Mittelalter bis in unsere Zeit unverändert erhalten.

Versuch 8: Die Verhüttung von Kupferkies

Zunächst erzeugen wir der Anschauung halber einen „Rohstein". Ein Brocken Kupferkies von ca. 3 mm Kantenlänge wird auf Kohle mit der kleinen Düse geschmolzen. Der Kies schmilzt leicht zu einem mattschwarzen Korn. Das Korn wird zerschlagen, und man prägt sich das Aussehen der Bruchstelle gut ein. Es kommt später darauf an, den „Stein" sicher von der glasigen schwarzen Eisenschlacke unterscheiden zu können.

Zur Herstellung des Kupfers stehen nun zwei Wege offen:

Einmal kann man zuerst das Erz zu „Stein" schmelzen, zermahlen und dann rösten.

Zum anderen kann man sogleich mit dem Rösten des Kieses beginnen.

Der erste Weg empfiehlt sich, wenn das Erz viel taubes Gestein enthält, welches man beim ersten Steinschmelzen als Schlacke entfernen kann. (Man findet am Mitterberg Schlacken von bröseliger, stark verwitterter Konsistenz, die auf dieses Verfahren hindeuten können). Für unseren Versuch nehmen wir ein möglichst reines Erz, können also das erste Schlackenschmelzen sparen.

Man stellt zunächst einige Kubikzentimeter sehr fein zerstoßenen Kupferkies her. Portionen von 3 bis 4 Löffeln dieses Pulvers werden auf einem flachen Tonschälchen in dünner Schicht ausgebreitet und unter ständigem Umrühren mit der ca. 5 bis 8 cm entfernten Flamme erhitzt. Der Kies soll nur zum Glühen kommen, keinesfalls aber schmelzen. *Stechender Schwefeldioxid-Geruch zeigt den Beginn des Röstens an. Man setzt die Röstung fort, bis Schwefeldioxid nur noch* schwach zu riechen ist (wenn man die Nase dicht über die noch heiße Probe hält). Es gilt, in diesem Schritt möglichst den an Eisen gebundenen Schwefel-Anteil zu entfernen. Im Idealfall liegt nach dem Rösten ein Gemisch von Kupfersulfid und Fe_2O_3 vor.

Da sich nur FeO mit Quarz zu einem Glasfluß verbindet, muß das Röstgut jetzt vorsichtig reduziert werden, damit das Fe_2O_3 in FeO übergeht, während das Kupfer unverändert am Schwefel gebunden bleibt. Dazu bereiten wir folgende Mischung:

3 Löffel gerösteter Kies

1 Löffel frischer Kies (um genügend Schwefel für das Kupfer zu behalten)

2 Löffel sehr fein gemahlenen Sand

1 Löffel Zigarettenasche

Über das Ganze wird eine Spur Holzkohlepulver verteilt. Man mischt gut durch, formt mit Speichel einen Klumpen und schmilzt auf Kohle (kleine Düse, Spitze des blauen Kegels). Die Schmelze wird so lange flüssig gehalten, bis alle Gasentwicklung aufgehört hat. Unter Umständen läßt sich bereits beobachten, daß sich in der Schmelze zwei verschieden gefärbte Zonen bilden.

Die noch glühende Schmelze werfen wir in ein Schälchen mit etwas Wasser. Die so abgeschreckte Perle läßt sich leicht in kleine Brocken zerstoßen (nicht pulvern!).

Unter Mikroskop oder Lupe kann man die Brocken leicht in Schlacke (schwarz, glasig) und „Stein" (beim schnellen Arbeiten in der Nässe kupferfarbig, schwärzt sich rasch an Luft) trennen (s. Farbtafel 2). Die Trennung von Stein und Schlacke ist dagegen sehr mühsam, wenn man statt abzuschrecken die Perle auskühlen läßt. Die Bedeutung der Wasserläufe neben den Öfen am Mitterberg wird bei diesem Vergleich offenbar.

Die Ausbeute dieses Schrittes ergibt gut 3 Löffel gepulverten „Stein". Die Trennung von Eisen und Kupfer ist in einem einzigen Schritt nicht vollständig durchzuführen. Damit für die folgenden Schritte ausreichend Material vorhanden ist, stellt man zwei oder besser drei solcher „erster Steine" her. Die „Steine" werden vereinigt und fein gepulvert. Dieses Steinpulver wird in der gleichen Weise wie oben beschrieben geröstet, um weiteres Eisen ins Oxid zu überführen, wobei immer noch das Kupfer am Schwefel gebunden bleiben soll.

Für den zweiten Trennungsschritt richten wir folgende Mischung her:

3 Löffel gerösteter „Stein"
1 Löffel frischer Kies
2 Löffel Sand
1 Löffel Asche
und eine Spur Holzkohle.

Diese Mischung wird wie bereits beschrieben gründlich aufgeschmol-
zen, die Perle abgeschreckt, zerdrückt und der Stein von der Schlacke
getrennt. Der frische nasse „Stein" ist jetzt stark kupfer-farbig,
schwärzt sich aber rasch an Luft.

In diesen beiden Schritten haben wir das Eisen ziemlich weitgehend
verschlackt. Wenn man will, kann man aber noch einen dritten
„Stein" analog herstellen.

Wichtig ist die Beobachtung, daß die Schlacke des zweiten und evtl.
des dritten Schrittes zunehmend kupfer-farbige Einschlüsse behält, die
sich immer schwerer auslesen lassen. Deshalb gibt man bei einer lau-
fenden Produktion diese späteren Schlacken als Flußmittel wieder in
die erste Stufe zurück.

Wir können nun zur Reduktion des Kupfers *schreiten. Der zweite*
bzw. dritte „Stein" wird gepulvert und abgeröstet. Diese letzte Rö-
stung muß sehr lange und gründlich ausgeführt werden, da das Kup-
fersulfid nur schwer ins Oxid überzuführen ist. Erhält man beim nach-
folgenden Schritt kein Kupfer, so liegt der Fehler im letzten Röst-
schritt, der dann zu wiederholen ist.

Glaubt man, genügend lange geröstet zu haben (sog. „toträsten", aller
Schwefel soll entfernt werden), mischt man das Röstprodukt folgen-
dermaßen zur letzten Schmelze:

2 Löffel totgerösteten „Stein"
2 Löffel Sand
½ Löffel Kohlepulver
1 Löffel Asche
und schmilzt mit der heißest möglichen Flamme (schmilzt nur
schwer).

Man erhält schließlich ein regenbogenfarbiges, unter Umständen auch
schwärzliches Korn eines schmiedbaren Metalles, das sogenannte
„Schwarzkupfer".

Diesen schwierigen letzten Schritt kann man sich erleichtern, wenn
man vom historischen Vorbild abweicht und den stark gerösteten zwei-
ten bzw. dritten Stein mit der doppelten Menge Soda auf Kohle auf-
schmilzt. Das Soda nimmt den bei der letzten Röstung evtl. noch übrig

*gebliebenen Schwefel auf, und man erhält ein Kupfer-Korn wie vorher
beschrieben.*
*Bringt man die übrig gebliebene Sodaschmelze mit etwas Wasser auf
eine Silbermünze (oder -blech), wird diese geschwärzt, und man riecht
Schwefelwasserstoff, wenn die Röstung nicht vollständig war (allgemein als Schwefel-Nachweis zu verwenden).*
*Das noch „unreine" Schwarzkupfer kann man sich vor dem Verkauf
nach dem auf anschließend beschriebenem Verfahren gereinigt denken. Hier wird auf die weitere Raffination verzichtet.*

Im Gegensatz zu den massenhaft vorhandenen Schlacken aus der
Eisen-Extraktion hat die eigentliche Kupferschmelze nur wenig
Spuren hinterlassen. Ein rundes, grünliches, fladenförmiges Stück
Rohkupfer mit halbrundem Boden, ein sog. „Gußkuchen", ist in Bi-
schofshofen am Ausgang des Mitterberger Tales gefunden worden.
Insgesamt liegen etwa ein Dutzend solcher Stücke bzw. Bruchstücke
davon vor.
Die Analysen dieser in unmittelbarem Fundzusammenhang mit
dem Mitterberg stehenden Stücke ergeben einen Kupfergehalt von
im Mittel 93 Gew.-% mit Einzelwerten von etwa 88 bis 98%.
Die Tabelle 1 zeigt einige Analysen solcher Gußfladen.
Dieses Kupfer ist offenbar noch einmal umgeschmolzen worden.
Die Handelsform der Zeit war nämlich der „Spangenbarren", des-

Tabelle 1. Analysen von Kupfer-Resten aus dem bronzezeitlichen Bergbau-
Revier am Mitterberg

Nr.	Gegenstand	S	Fe	Ni	Cu	As	
1	Gußfladen (CA 1412)	1,74	2,53	0,74	94,18		
2	Gußfladen (CA 1720)	0,99	0,32	Spuren	97,54		Analysen von KYRLE
3	Gußfladen (CA 1721)	0,97	0,57	Spuren	97,91		
4	Gußfladen (CA 1408)	1,48	0,89	0,34	96,54		
5	Gußfladen (CA 1414)	0,36	1,42	0,57	97,14		
6	Rein-Kupfer aus aufgelesenen Schlackentrümmern	0,09	—	—	98,46		
7	Gußkuchen (CA 1413)	0,28	0,23	0,00	98,2	0,19	
8	Kupferfladen (CA 1722)	0,33	1,18	2,19	95,46	0,65	
9	Kupferfladen (CA 6232)	0,52	0,46	0,10	98,8	0,0	

sen Form sich wahrscheinlich aus einem Halsring entwickelt hat. Zur Herstellung dieser Form hat der Gießer in ein ebenes Sandbett einige Furchen, vielleicht einfach mit dem Finger, gezogen und dann den Inhalt seines Schmelztiegels in diese Furchen geleert. Solche Tiegel sollen auch auf dem Mitterberg bei Bauarbeiten gefunden worden sein, sind aber leider nicht mehr erhalten. Spangenbarren wurden zu Hunderten in zahlreichen „Depots" im ganzen Alpenland bis weit hinein nach Bayern gefunden.

Abb. 11. Spangenbarren aus Obereching bei Salzburg. Spangenbarren waren die bevorzugte Handelsform der Zeit. Gewicht eines vollständigen Barrens ca. 200 g

Die Zuordnung zur Hütte ihrer Herstellung ist nicht möglich. Neben dem Mitterberg gab es zur gleichen Zeit noch viele andere Reviere. Man hat lange gehofft, auf Grund der chemischen Analyse Artefakt und Bergwerk zuordnen zu können. Wie aber schon die Schwankungen der Analysenwerte der Gußkuchen zeigen, kann z. B. der Nickel-Gehalt an einem einzigen Hüttenplatz von Spuren bis zu mehreren Prozenten schwanken.

Auch die Spangenbarren eines einzigen Depots zeigen beim Nikkel zwischen Spuren und 7%, beim Arsen 0 und 3%, beim Silber 0 und 1%, und ebenso unterschiedlich sind die Befunde beim Antimon, Wismut und Eisen. Andererseits beweisen die chemischen Analysen mit Sicherheit, daß alles dieses Kupfer aus dem gleichen Typ von Erzlagerstätte und damit nach der gleichen Technologie gewonnen worden ist. Die geographische Verbreitung dieser bronzezeitlichen Technik reicht von der Grenze Kärntens bis ins Trentino (Preuschen). Nach den Untersuchungen von Otto und Witter

38

scheint es, daß an den westlichen Hängen des Erzgebirges ein weiteres Zentrum der gleichen Hüttentechnik bestanden hat.

Ein Zeitvergleich bronzezeitlicher Technik weist den Mitterberg-Leuten einen hervorragenden Platz in der technischen Menschheitsgeschichte zu: Die hier beschriebene Kunstfertigkeit im Bergbau und in der Bewältigung schwieriger chemischer Prozesse ist etwa zeitgleich oder früher als die Arbeiten der Ägypter des Neuen Reiches im Sinai und in Timna. Die Hütten am Mitterberg rauchten Jahrhunderte, bevor das Volk der Etrusker in der Geschichte sichtbar wurde. Sie waren zur Zeit des Trojanischen Krieges im vollen Betrieb, und sie wurden bereits aufgegeben als die Pönizier auf Zypern die Kupferproduktion im Großen begannen.

4 Raffinieren und Gießen des Kupfers

Das beim Schmelzprozeß entstandene Kupfer ist ein Rohkupfer mit hohem Eisengehalt. Die älteste Verarbeitungsmöglichkeit war sicher das Kaltschmieden. Dabei wurden Schlackenreste aus dem Metall herausgedrückt und eine recht hohe Härte des Werkstückes erreicht. Man hat lange an ein besonderes Geheimnis der ägyptischen Kupfer-Manufaktur geglaubt, mit dem die hohe Härte alter Kupfer-Werkzeuge zu erklären sei. Heute neigt man eher zu der Meinung, daß diese Härte nur die Folge einer gründlichen Kaltverformung ist, sofern nicht eine Arsen-Legierung vorliegt, was früher häufig übersehen wurde.

Die Formgebung durch Gießen reicht bis ins 4. Jahrtausend v. Chr. zurück. Um einwandfreie Gußstücke zu erhalten, muß das Rohkupfer von Schlacken, Sauerstoff und Schwefel gereinigt werden. Die archäologischen Fakten sind die folgenden:

Man kennt von zahlreichen Fundstellen Öfen, die eindeutig dazu gedient haben, Kupfer in einem Tiegel zu schmelzen. Man kennt ferner schon aus den ältesten Zeiten einwandfreie Kupfergüsse und weiß, daß um die Wende des dritten zum zweiten Jahrtausend v. Chr. ein Material mit 98–99% Cu nicht nur im vorderen Orient, sondern auch in großen Teilen Europas verbreitet war.

Wir können aus der heutigen Metallurgie des Kupfers auf die Arbeitsgänge rückschließen, die in den alten Tiegelöfen angewendet worden sein müssen, um das antike Material aus dem Rohkupfer herzustellen.

Keiner dieser Schritte ist im einzelnen für die Timna-Epoche belegt.
Da sich reines Kupfer aber
nur schlecht gießen läßt und
insbesondere ein Restgehalt an Sauerstoff Blasen im Guß und
Oxid-Einschlüsse hinterläßt,
Reste von Schwefel dem Kupfer beim Erstarren ein blasiges „geschwollenes" Aussehen verleihen (engl. Blistercopper),
muß man aus der Existenz einwandfreier Gußstücke und aus der
Existenz von Tiegelöfen, die sich für die im folgenden beschriebenen Arbeiten eigneten, wohl den Schluß ziehn, daß diese Arbeiten
auch tatsächlich so oder ähnlich ausgeführt worden sind. Andere
Raffinationsmöglichkeiten sind mit den damaligen „Chemikalien"
nicht denkbar.

1. Oxidierendes Einschmelzen. Mit oxidierender Flamme wird stark
erhitzt. Hierbei verschlacken Blei, Eisen, Zink und Arsen, soweit sie
nicht verflüchtigt werden. Dieser Prozeß läßt sich, wenn nicht für
Timna, so doch für bronzezeitliche Kupferhütten des Salzburger
Landes nachweisen.

2. Dichtpolen. Hierbei wird unter Rühren der Schmelze mit frischem
Holz in einer oxidierenden Flamme eine starke Durchwirbelung der
Schmelze herbeigeführt. Dabei verliert sich das in der Schmelze gelöste SO_2 mit den Zersetzungsgasen des Holzes.

Bei Prozeß 1 und 2 entsteht eine gewisse Menge Cu_2O, das teils als
Schlacke abgezogen werden kann, teils im Kupfer in Lösung
bleibt.

Deshalb ist ein letzter Arbeitsgang zur Reduktion des Oxids notwendig.

3. „Zähpolen". Hierbei wird der Tiegel mit Holzkohle abgedeckt
und, falls möglich, in einer reduzierenden Atmosphäre gearbeitet.
Das gelöste Cu_2O wird reduziert. Erst mit dem so raffinierten Material lassen sich einwandfreie Kupfer-Güsse herstellen.

III. Die Entdeckung der Legierungen

1 Arsenbronze

Arsen ist in Kupfer-Lagerstätten nicht selten anzutreffen. Selbst in gediegenem Kupfer tritt es als Einsprengung eines an sich seltenen Minerals, des Domeykit Cu_3As, auf. Größere Lager von domeykithaltigen gediegenem Kupfer fanden sich in Mitteldeutschland (Zwickau in Sachsen), einem bedeutenden Zentrum der bronzezeitlichen Industrie. Weitere Vorkommen kennt man aus der Eifel, aus Persien, aus Nord- und Südamerika. Viele Erzgänge, besonders von Kupferkies, enthalten auch Arsen-Mineralien wie Enargit Cu_2AsS_4, Arsenkies $FeAsS$ und andere; so die mitteldeutschen Lagerstätten von Hohenstein-Ernsthal, Marienburg und dem Harz. Auch die reichen Lagerstätten im Südwesten der iberischen Halbinsel sind häufig arsen-haltig. Die Erze der berühmten Kupfer-Insel Zypern sind dagegen frei von Arsen.

Otto und Witter (1952) vertreten aufgrund von vielen Analysen mitteldeutscher Funde die Ansicht, daß das Thüringer Becken die Wiege der Metallurgie sei. Hartmann und Sangmeister (1972) meinen, daß die Arsenbronze im östlichen Mittelmeer-Raum erfunden wurde und sich – wie auch die frühe Kupfer-Metallurgie – von dort über Europa verbreitet habe.

Fest steht, daß ein Beil aus der Stadt Kahum, wo die Bauarbeiter der Pyramiden wohnten, 3,9% Arsen enthält (ca. 2500 v. Chr.). Die Schnurkeramiker vom Baltikum bis Mitteldeutschland verwendeten Arsenkupfer ebenso wie die Glockenbecher-Leute in Westeuropa.

Griffzungendolche aus Portugal, Flachbeile aus der Algarve, aus Südspanien, Südtirol, Ungarn, Jugoslawien, Griechenland bis Boghaz-Koy in Kleinasien, in Tell Halaf und Byblos; alle enthalten Arsen in wechselnder Menge.

Die europäische Verbreitung der ersten Arsenbronzen mit bis zu 7%
Arsen, geringem Silber-Gehalt und frei von weiteren Verunreinigungen zeigt die Abbildung.

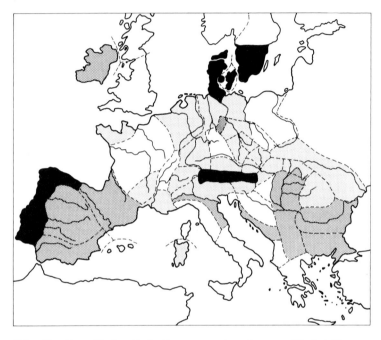

Abb. 12. Europäische Verbreitung von Arsenbronze (Werkstoffgruppe
EO1A nach Hartmann und Sangmeister). Die Dichte der Grautöne gibt die
Häufigkeit dieses Werkstoffes in dem jeweiligen Gebiet an. Die Karte wäre
durch häufige Vorkommen in der Ägäis und in Anatolien zu ergänzen

Leider hat diese Studie Anatolien, Griechenland, die Levante und
Ägypten nicht erfaßt. Die kartierte Bronze kann nur zum Teil aus
Erzen mit natürlichem Arsen-Gehalt erschmolzen worden sein. Die
Häufigkeit des Fundmaterials deutet nicht auf das Erzeugungsland
hin: In Dänemark und Südschweden sind keine entsprechenden Lagerstätten bekannt, das in diesen Gegenden häufig gefundene Arsen-Kupfer muß also dorthin gehandelt worden sein.

Was war der Grund für die weite und offenbar schnelle Verbreitung dieses Materials? Maréchal (1962) gibt Daten, die den praktischen Vorteil des neuen Metalles ins Auge fallen lassen: Reines Kupfer hat nach dem Guß eine Brinell-Härte (Kugeldruck) von ca. 30. Durch Hämmern wächst die Härte bis auf 135, bei sehr starker Verformung von 500% (ein 1 cm dicker Körper wird auf 2 mm heruntergeschmiedet). Dagegen ergeben sich für Arsen-Kupfer bei nur 100% Verformung die folgenden Härte-Werte:

| | | Arsen-Gehalt | |
	4,2% As	5,94% As	7,92% As
Brinell-Härte Rohguß	83	85	163
kaltgehämmert (100%)	195	220	224
geglüht (700°C)	55	63	64
Streckgrenze kg/mm^2	51,5	59,25	67,6
Zugfestigkeit (Bruchgrenze) kg/mm^2	54,9	65,2	68,85
Bruchdehnung %	8	5	4

Als Vergleich sei nicht abgeschreckter Kohlenstoff-Stahl (0,55% C) genannt, der 230–240 Härtegrade aufweist. Die Tabelle zeigt den bei der Arsen-Legierung erreichten Fortschritt: Das Material ist schon im Guß härter als Kupfer, es läßt sich kalt verschmieden und erreicht dabei Härten, die in die Nähe unserer Tischmesser kommen und kann durch Ausglühen wieder neu schmiedbar gemacht werden. Die Tabelle zeigt auch die Begrenzung des sinnvollen Arsen-Zusatzes: Anfangshärte und Sprödigkeit nehmen mit steigendem Arsen-Gehalt zu, und bald ist der nutzbare Bereich der Zusammensetzung überschritten.

Hinter den Analysen der Tab. 2 verbirgt sich eine bedeutende metallurgische Entwicklung:

Tabelle 2. Typische Analysen von Gegenständen aus Kupfer und Arsenbronze, ausgewählt nach steigender Kompliziertheit der Erze und Verfahren. (Die Nummern beziehen sich auf die Analysen im Handbuch von Otto und Winter).

Nr.	Gegenstand	Fundort	Cu	Sn	Pb	Ag	Au	Ni	Co	As	Sb	Bi	Fe	Zn	S	
39	kreuzschnei-dige Axt	Römhild (Steinsburg)	99,90	0	Spur	Spur	0	0	0	0	0	0	0	0	—	Rein-kupfer
110	Hammeraxt	Dalum Kr. Meppen	98,30	0	0,1	1,35	0	0,02	0	0	0,08	Spur	0	0	—	Roh-Kupfer
164	Prunkaxt	Luschitz (Mähren)	96,50	0	Spur	1,90	0	0,05	0	0	1,40	Spur	Spur	0	—	Ag-haltig
218	Flachbeil	Bygholm Seeland	99,0	0	Spur	Spur	0	Spur	0	0,80	Spur	Spur	0	0	—	Alte As-Bronze
258	Stabdolch-klinge	Stendal	95,70	0	Spur	Spur	0	0	0	4,1	0	0,008	0	0	—	auflegierte
387	Stabdolch mit Stiel	Dieskau	91,4	0,04	0,07	0,12	0,0008	0	Spur	7,6	0,5	0,1	0	0		As-Bronze
460	Spangenbarren München		94,9	Spur	Spur	1,4	0	Spur	0	1,0	2,5	0,09	0	0	0,1	Fahl-erz

Ein Metall von so hoher Reinheit wie Nr. 39 kann im Altertum nur aus gediegenem Kupfer oder sehr reinem oxidischem Erz erschmolzen worden sein.

Die Arsen-Bronze 218 könnte, entsprechend ihrem niedrigen Arsen-Gehalt und ihrer sonstigen Reinheit, aus arsenhaltigem gediegenem Kupfer (Einsprenglinge von Domeykit) gewonnen worden sein (Vorkommen von Zwickau).

Hoher Silber-Gehalt mit weiteren Verunreinigungen, Typ der Analysen 110 und 164, läßt auf ein gänzlich anderes Erz schließen. Dieses Material deutet auf die Gewinnung aus Kupferkies hin, bei 387 kann, abgesehen vom Arsen-Gehalt, die Herkunft aus Kupferkies mit großer Sicherheit behauptet werden.

Zwischen der Zeit der Metalle vom Typ 39 oder Typ 218 und Metallen vom Typ der Analysen 110 bzw. 164 (und diese Abfolge der Metalltypen entspricht auch tatsächlich einer zeitlichen Abfolge) ist also ein bedeutsamer metallurgischer und verfahrenstechnischer Fortschritt gemacht worden.

Die Arsen-Gehalte von 258 und besonders von 387 sind so hoch, daß eine zufällige Verunreinigung des Erzes ausgeschlossen werden kann. Arsen verflüchtigt sich sehr leicht in der Hitze. Hier muß man ein bewußtes Zulegieren von Arsen-Mineralien annehmen, was wiederum einen wichtigen technischen Fortschritt bedeutet.

Denkt man bei der Auswahl eines zum Legieren geeigneten Materials, z. B. an Scherbenkobalt (gediegenes Arsen, hat nichts mit dem Element Co zu tun), der auf Erzgängen im Harz, Erzgebirge, Riesengebirge, in Böhmen, im Schwarzwald und den Vogesen nicht selten vorkommt, könnte man annehmen, daß hier ein Kupfer etwa vom Typ 39 mit dem genannten Mineral verbessert wurde. Der Befund der Analyse 387 ist mehrdeutig: Dieses Metall könnte aus einem unreinen Kupfer mit Scherbenkobalt legiert sein, aber auch mit Arsenkies $FeAsS$ (mit häufig hohem Goldgehalt). Auch das Arsenfahlerz Tennanit $Cu_3AsS_{3,5}$ mit seinem häufigen Silber-Gehalt würde zusammen mit reinem Kupfer eine solche Zusammensetzung plausibel ergeben.

Andererseits ist Scherbenkobalt ein chemisch recht unbeständiges Material und setzt zu seiner Gewinnung einen tiefen Bergbau voraus. Es verflüchtigt sich leicht in der Hitze, ohne zu schmelzen, und scheint daher recht wenig geeignet, in einer frühen Phase der Metallurgie eine wichtige Rolle einzunehmen.

Lag bei Arsenbronzen der Beispiele 218, 258 und 387 der Arsen-Gehalt weit über dem Gehalt an Antimon, so deutet die Analyse 460, die viel mehr Antimon als Arsen enthält, auf die Verhüttung sehr komplizierter Erze, der sogenannten Fahlerze, hin. Deren Technologie ist besonders schwierig; zu hohe Anteile von Arsen, Antimon sowie Wismut ergeben einen spröden, mechanisch unbrauchbaren Kupfer-Regulus.

Die durch die Analysenbefunde erkennbare Verhüttung von Kupferkies zu dieser frühen Zeit ist von größter Bedeutung für die technische Entwicklung im Metallzeitalter, denn Kupferkies ist das häufigste und am weitest verbreitete Kupfermineral der Alten Welt. Erst die Verarbeitung dieses Minerals machte einen massenhaften Gebrauch von Metall überhaupt möglich.

Ohne Zweifel muß schon im ausgehenden dritten Jahrtausend v. Chr. in Mitteleuropa eine hochentwickelte Hüttentechnologie vorhanden gewesen sein.

Die Zuordnung von Artefakten zu Erzvorkommen ist kaum überzeugend zu führen. Die Sangmeistersche Schule, die wohl den größten Besitz an Analysen hat, spricht nur von statistischen „Materialgruppen". Aus dem mitteldeutschen Gebiet lassen sich fünf statistische Materialgruppen unterscheiden. Ob daraus eines Tages weitergehende Erkenntnisse erwachsen werden, läßt sich noch nicht absehen. Sehr alte Arsenbronzen hat Key beschrieben. Es handelt sich um gegossene Gegenstände mit bis zu 12% Arsen. Bronzen mit einem so hohen Arsen-Gehalt waren mit Sicherheit nicht mehr schmiedbar. Der Fundort am Toten Meer und die Datierung auf 3000 v. Chr. rückt diese Funde technisch in die Nähe der Zinnbronzen von Amoq. Offenbar geht die wissentliche Herstellung von Legierungen des Kupfers in diesem Teil der Welt auf die Wende des vierten zum dritten Jahrtausend zurück.

In der Ägäis war Arsenbronze in der zweiten Hälfte des dritten Jahrtausends weit verbreitet. Auch hier gibt es Stücke mit sehr hohen Arsen-Gehalten, z. B. die Dolche vom Typ IV aus Amorgos, die 9,5% Arsen enthalten und um 2200 v. Chr. entstanden sein sollen (Renfrew 2).

Eine besondere Kostbarkeit besitzt das Bostoner Museum: den Stier von Horoztepe. Horoztepe liegt im nördlichen Anatolien, in der Nähe der heutigen Stadt Erbaa, also im Kernland der Hethiter. Die Figur dieses Stieres aus Bronze (Zinnbronze) stammt aus einem

Häuptlingsgrab und ist etwa 12 cm lang und wenig über 9 cm hoch. Sie stammt aus der Zeit um 2100 v. Chr. und ist aus Zinnbronze gegossen, die inzwischen stark korrodiert ist. Als Besonderheit weist

Abb. 13. Der Stier von Horoz Tepe (nach S. C. Smith)

die Figur einen Schmuck aus einem weißen, nur sehr gering korrodierten Metall auf, das zunächst für eine Silber-Blei-Legierung gehalten wurde. Das weiße Metall bedeckt die Hinterbeine und zieht sich in Streifen über die Seiten und die Brust. Zur großen Überraschung für viele Archäologen konnte Young mit der Laser-Mikrosonde nachweisen, daß das weiße Metall keineswegs Silber, sondern Arsenbronze ist!

Die genauere metallurgische Untersuchung (C. S. Smith) kleiner Proben ergab, daß die weiße Arsenbronze weder eingelegt noch durch Schmelzen aufgebracht worden ist. Der mikroskopische Befund läßt nur ein Herstellungsverfahren zu: Eindiffundieren von Arsen in die fertige Bronzefigur! Metallisches Arsen hat man mit ziemlicher Sicherheit nicht zur Verfügung gehabt, wohl aber war der „Hüttenrauch", arsen-haltige Niederschläge aus der Kupfer- und Bleigewinnung, mit Sicherheit bekannt. Ein Gemisch von Hüttenrauch, Pottasche und einer Spur Kohle entwickelt schon bei 400°C freies Arsen, und dieses kann bei eben diesen Temperaturen leicht in Bronze eindiffundieren. Versuche haben die Möglichkeit eines solchen Verfahrens nachgewiesen. Das Reaktionsgemisch wurde als Paste auf die zu färbenden Stellen der Bronze aufgetragen. Das Arsen bildet nun mit dem Kupfer der Bronze die Verbindung Cu_3As, die dem Mineral α-Domeykit entspricht. Das Ergebnis sind Strukturen, die sehr genau denen des Stieres entsprechen. Welche kunstvolle Metallurgie vor mehr als 4000 Jahren!

Warnung!

Arsen verflüchtigt sich sehr leicht und bildet beim Erhitzen von Arsen-Mineralien einen weißen Rauch von Arsentrioxid. Häufig erkennt man Arsen-Mineralien am stark knoblauch-artigen Geruch beim Zerschlagen und Zerreiben. Arsen ist sehr giftig, und das Einatmen des Arsen-Rauches kann gefährlich sein. Experimente zur Herstellung von Arsenbronze sollten daher Chemikern im Laboratorium (Abzug oder Atemschutz) vorbehalten bleiben. Nicht-Chemiker seien dringend davor gewarnt, mit den leicht erhältlichen Arsenerzen Schmelzversuche zu unternehmen.

2 Zinnbronze

Die Legierung, die der Bronzezeit den Namen gegeben hat, die Zinnbronze, hat die Arsenbronze binnen weniger Jahrhunderte verdrängt. Auch bei der Zinnbronze ist nicht mit Sicherheit zu sagen, wo sie erfunden wurde, ob ihre Kenntnis sich von einem Zentrum aus verbreitet hat oder ob mehrere Kulturkreise diese Erfindung unabhängig voneinander gemacht haben.

Das stärkste Argument für eine Erfindung an einem Ort und die anschließende Ausbreitung des neuen Wissens auf Handelswegen über Tausende von Kilometern ist die außerordentliche Ähnlichkeit früher Formen. Es gibt z.B. Flachbeile aus Skandinavien, Mitteldeutschland, den Cykladen, aus Syrien und Ägypten, deren Formen so ähnlich sind, daß selbst der Spezialist Schwierigkeiten hat, sie allein nach der Form ihrem Kulturkreis zuzuordnen.

So stieß man in Naumburg an der Saale und in Ugarit auf zwei fast identische, verzierte Bronzebeile (Maréchal), die aber in ihrer Analyse ein unterschiedliches Verhüttungsverfahren deutlich erkennen lassen.

Das Naumburger Metall gehört in die Fahlerz-Technologie, während das Beil von Ugarit eher aus einem oxidischen Erz stammen könnte. Der Bleigehalt ist typisch für frühes syrisches Kupfer (Braidwood). Gemeinsam ist beiden Beilen ein hoher Zinn-Zusatz, der nicht auf zufälligen Verunreinigungen beruhen kann.

Fest steht, daß im mitteldeutschen Raum sehr früh eine Entwicklung der Zinnbronzen im Sinne ständig wachsenden Zinn-Gehaltes der Werkstücke stattfand. Nach Meinung von Otto und Witter war dies eine von der Natur vorgezeichnete Entwicklung, denn dieser Raum liefert an zahlreichen Fundstellen ein Kupferkieserz mit z.T. erheblichen Gehalten an Cassiterit Sn_2O. Solche Mischerze kommen in der übrigen Alten Welt nirgends sonst vor. Mitteldeutsche Zinnbronzen sind auch nach bisherigen dendrochronologischen Daten älter als entsprechende syrische Funde (Whitehouse).

	Naumburg %	Ugarit %
Cu	89,0	80,5
Sn	7,5	12,0
Pb	0,02	0,6
Ag	1,00	0,02
Ni	Spuren	0
As	0,5	0
Sb	0,7	0
Bi	0,04	0
Fe	0	0,5
Zn	0	0,3

Renfrew vermutet, daß die Zinnbronzen im ägäischen Raum auf Troja II oder Kumtepe zurückgehen, wo im Schwemmland der Troa Zinn-Seifen abgebaut worden sein könnten. Childe hat Verbindungen vom Troja dieser Zeit mit der Donaukultur hergestellt, die Donaukultur wiederum hatte Verbindungen zur Aunjetitzer Kultur und zum mitteldeutschen Raum, so daß der Phantasie bei der Suche nach dem „Ursprung" der Zinnbronze viele Tore offenstehen.

Auf der Anatolien vorgelagerten Insel Lesbos hat man in den Ruinen der uralten Stadt Thermoi in Schicht I (ca. 3000 v. Chr.) Bronze mit 13% Zinn gefunden; in einer späteren Schicht (IV), datiert zwischen 2700 und 2300 v. Chr., Schmuckstücke aus reinem, unlegiertem Zinn (W. Lamb). In dazwischenliegenden Schichten wurden höchstens geringe Spuren von Zinn in wenigen Kupfer-Artefakten nachgewiesen. Die Bronze der Schicht I darf also als metallurgisches Zufallsergebnis angesehen werden.

In Syrien, in der Nähe des alten Antiochia, hat Braidwood Bronzefiguren mit 7,4, 10,9 und 15% Zinngehalt gefunden. Es handelt sich um recht eindeutig erkennbare Männer- und Frauengestalten, die offenbar als Anhänger getragen wurden. Braidwood datiert diese Figurinen in den Zeitraum 3100–2800 v. Chr. (Amoq G). Sie sind nach dem Wachsausschmelz-Verfahren gegossen. Die Bronze-Metallurgie kann also schon nicht mehr ganz neu gewesen sein, s. Abb. 4, S. 12.

Der Beitrag der Ägypter ist, der Schreibleidenschaft dieses Volkes entsprechend, urkundlicher Natur. Am Ende der VI. Dynastie, ca. 2500 v. Chr., taucht der Ausdruck „asiatisches Kupfer" auf. Wainwright identifiziert dieses asiatische Kupfer mit Zinnbronze, denn der gleiche Ausdruck (in geringfügig geänderter Schreibweise) wird in der XVIII. Dynastie für Bronze verwendet, die aus Kupfer und metallischem Zinn zusammengeschmolzen wird. Man muß dazu wissen, daß der Seehandel der Ägypter mit dem syrischen Byblos bis auf vordynastische Zeiten (vor 3000 v. Chr.) zurückgeht, In Byblos aber gibt es zwei Flüsse, den Phaedrus und den Adonis, in deren Lauf sowohl Kupfererze als auch Zinnstein (Cassiterit) vorkommen. Die Annahme, daß natürliche Mischseifen die ersten Zinnbronzen dieser Region lieferten, ist durchaus plausibel.

Die mitteldeutschen Mischerze und ebenso die im östlichen Mittelmeer vermuteten Seifen haben zunächst nur Bronzen mit niedrigen und zufällig schwankenden Zinn-Gehalten ergeben, wie viele Analysen deutlich zeigen. Trotz daraus resultierenden Unsicherheiten in der Verarbeitung hat die neue Bronze überall in kurzer Zeit die Arsenbronze verdrängt. Dies liegt nicht etwa an einer Überlegenheit der Zinnbronze. Tatsächlich ist die Zinnbronze eher schlechter als die Arsenbronze. Aufschlußreich sind die Zustandsdiagramme der beiden Legierungen.

In den Diagrammen ist der Gewichtsanteil des Zinns (Arsens) in der Bronze nach rechts, die Temperatur nach oben aufgetragen. Oberhalb der obersten Linie des Diagramms ist die Bronze vollständig flüssig. Gehen wir im Kupfer-Zinn-Diagramm etwa bei 10% Sn von einer Schmelze, beispielsweise bei 1200 °C, aus und lassen diese Schmelze ganz langsam abkühlen (man spricht von Einstellung des Gleichgewichtes), so scheiden sich bei Erreichen der obersten Linie Kristalle von α-Bronze aus; einer Phase, bei der Zinn-Atome einzelne Plätze des Kupfer-Gitters besetzen (Substitutions-Mischkristall). Kühlt man weiter sehr langsam ab, würde sich die noch vorhandene Schmelze längs der oberen Linie weiter mit Zinn anreichern, bis bei über 90% Zinn eine einheitliche Substanz, das „Eutektikum", ausgeschieden würde.

In der Metallurgie kühlt man nie so langsam ab, daß sich solche Gleichgewichte einstellen können. Vielmehr läßt man die Schmelze so rasch erstarren, daß nur geringe Konzentrationsänderungen auftreten. Freilich können

50

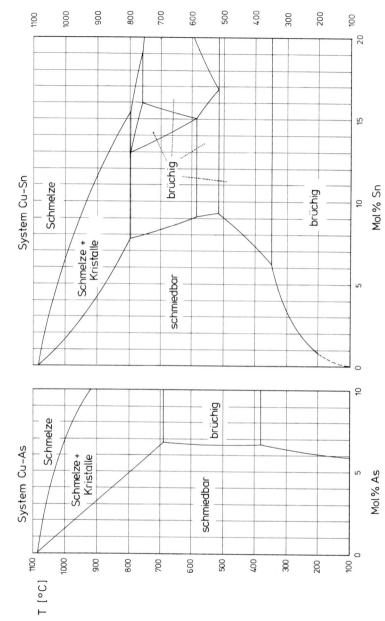

Abb. 14. Phasendiagramme für die Legierungen Kupfer-Arsen und Kupfer-Zinn. Erläuterung siehe Text

bei größeren Gußstücken doch Unterschiede der Legierungszusammensetzung zwischen den zuerst und den zuletzt erstarrten Partien auftreten. Diesen Effekt nennt man „Saigern". Er spielt sowohl für die Analyse von Fundstücken als auch für die Reinigung des Kupfers und des Bleis im Mittelalter eine wichtige Rolle.

Zur Vereinfachung denken wir uns jetzt die Schmelze so rasch abgekühlt, daß eine Änderung der Zusammensetzung vernachlässigt werden kann („Abschrecken"). Wir bewegen uns dann auf einer senkrechten Linie durch das Diagramm und erreichen das Gebiet der festen, homogenen α-Phase. Da das Gitter in seiner Struktur dem Kupfer nahezu gleicht, hat das Metall auch ähnliche Eigenschaften, es ist z. B. schmiedbar. Die eingebauten Zinn-Atome haben aber eine etwas andere Größe, daher treten Spannungen im Gitter auf, und das Metall ist härter als reines Kupfer. Beim weiteren Abkühlen kommen wir in den mit „brüchig" gekennzeichneten Bereich. Hier existieren neben Kristallen der α-Phase solche einer anderen Struktur, nämlich mit hexagonal dichtester Packung. Diese ε-Phase ist spröde und bricht bei geringer Verformung. Das Metall in der $(\alpha + \varepsilon)$-Phase ist nicht mehr schmiedbar. Die Umlagerung vom kubisch-flächenzentrierten Cu-Gitter zur hexagonal dichtesten Packung erfordert aber Zeit. Beim Abschrecken der Schmelze bildet sich keine ε-Phase aus, das Metall kann kalt gehämmert werden. Muß man dagegen für ein bestimmtes Werkstück mehrmals zwischenglühen oder heißschmieden, kann sich die ε-Phase in wachsendem Maße bilden, und das Material versprödet.

Will man die Versprödung vermeiden, muß man Bronze (bis höchstens 13–14% Sn) lange zwischenglühen (Einstellung der reinen α-Phase), abschrecken und dann erneut kaltschmieden.

Andererseits kann man durch Glühen und langsames Abkühlen einem fertigen Werkstück eine größere Härte verleihen, wenn man die Versprödung in Kauf nimmt.

Man sieht, daß die Zinnbronze eine recht komplizierte Verarbeitung verlangt, die sicher nur langsam erlernt und nicht überall gemeistert wurde.

Viel einfacher ist die Arsenbronze zu bearbeiten. Bis zu einem Gehalt von ca. 6% Arsen existiert unterhalb der Erstarrungstemperatur nur eine einheitliche α-Phase. Man kann also so oft und so lange schmieden und glühen wie für die Formgebung erforderlich, ohne daß das Material unbrauchbar wird.

Vergleicht man die beiden Metalle also hinsichtlich ihrer Bearbeitungsmöglichkeit, kann es nicht verwundern, daß man bei Arsenbronze wie bei Kupfer viele Schmiedestücke findet und daß bei Zinnbronze der Guß mit allen Möglichkeiten komplizierter Formgebung überwiegt.

Ein schönes Beispiel bronzezeitlicher Gießkunst zeigt Abb. 15. Es ist ein Absatzbeil mit seitlichen Ösen (sog. „iberischer Typ") mit

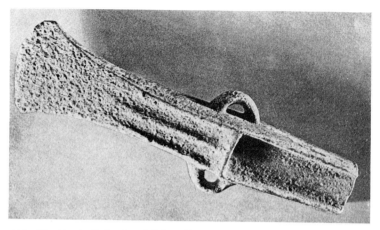

Abb. 15. Absatz-Beil mit seitlichen Ösen, „iberischer Typ", 20% Zinn, aus der Normandie (nach Maréchal)

dem ziemlich extremen Zinn-Gehalt von 20%. Bei der Legierung dieses Beiles hat sich sicher auch schon die Schmelzpunkterniedrigung durch den Zinn-Gehalt günstig auf die Herstellung ausgewirkt, die erst ab etwa 10% merkliche Beträge erreicht.

Schmelzpunkte von Cu-Sn-Legierungen

Cu	Cu + 8% Sn	Cu + 13% Sn
1085 °C	1000 °C	830 °C

Die hohe Giftigkeit des Arsen-Rauches mit der sicher auffallenden Kurzlebigkeit der Hüttenleute hat wahrscheinlich den Ausschlag zum Erfolg der Zinnbronze gegeben, für den sich sonst kein überzeugender Grund erkennen läßt. Auch das im Vergleich zu den Arsen-Erzen recht seltene Vorkommen von Zinn-Erzen sollte die Einführung der Zinnbronze eher behindert als gefördert haben.

Versuch 9: Bronze aus Erzen

Man stelle eine Mischung aus
20 Teilen Malachit-Pulver
* 5 Teilen Cassiterit und*
* 5 Teilen Holzkohle*

her und verreibe sehr gründlich. Hat man einen Cassiterit mit viel Gangart, kann man diesen vorher pulvern und ausschlämmen. Es ist aber nicht nötig, die Gangart restlos zu entfernen.

Von obiger Mischung nimmt man nun etwa 3 Löffel und mischt sie mit dem gleichen Volumen (etwas mehr schadet nicht) der Schlackenmischung aus Versuch 4. (Ein Gemenge von sehr feinem (!) Sand mit etwa dem halben Volumen Limonit oder Hämatit als Flußmittel und Zigarettenasche tut den gleichen Dienst, die Kalkzugabe ist nicht notwendig.) Aus diesem Gemenge formt man in der bereits geübten Weise einen Klumpen und schmilzt am besten auf Holzkohle zu einem Korn. Nach dem Zerschlagen des Kornes findet man eine Anzahl kleiner metallischer Reguli, die die verschiedensten Farben von kupfer-farbig über die gewohnte Farbe der Bronze bis zu silbrigen Farbtönen aufweisen (Mikroskop!).

Hier zeigt sich deutlich, wie stark die Zusammensetzung der erschmolzenen Bronze vom Zufall abhängt.

Vom wichtigen Unterschied des neuen Metalles zum Kupfer kann man sich ebenfalls überzeugen. Ließen sich die früher erzielten Kupfer-Reguli mit dem Pistill ohne weiteres breitdrücken, so setzen die kleinen Bronzekugeln der Verformung einen erheblichen Widerstand entgegen. Wendet man große Kraft auf oder schlägt mit einem Hammer, kann man beobachten, daß manche der Bronzekugeln, vor allem jene mit silbriger Farbe, spröde zerbrechen.

Abb. 16. Aus Cassiterit und Malachit in der Schlacke erschmolzene Bronze

Will man nicht nur mikroskopisch kleine Bronzeteilchen erhalten, son-
dern einen einheitlichen, größeren Regulus, wiederholt man den
Versuch, pulvert beide Schmelzproben und schlämmt die Schlacken
ab. Die so erzielte Bronzemenge kann man mit der Schlackenmi-
schung von Versuch 4 oder mit etwas Soda oder mit einem modernen
Flußmittel für Hartlot zu einem größeren Regulus schmelzen. Dieser
hat jetzt eine zwar einheitliche Zusammensetzung, die aber als solche
immer noch stark vom Zufall abhängt.

Die Mengenangabe für den Cassiterit war anfangs so hoch gewählt,
daß die Versprödung des Metalles bei hohen Zinn-Gehalten deutlich
wurde. Man kann den Versuch auch so fortsetzen, daß man der Aus-
gangsmischung mehr und mehr Malachit zusetzt. Man kann dann in
mehreren Schmelzprozessen sehr schön beobachten, wie die bekannte
Bronzefarbe häufiger auftritt und der Anteil der bei Verformung bre-
chenden Metallkörner kleiner wird.

An diese Versuche kann man eine Spekulation knüpfen: Wir wissen
aus den Timna-Funden, daß den alten Metallurgen die Wirkung eines „schwarzen, schweren Steines", nämlich des Hämatits, als Flußmittel bekannt war. Wo dieses Mineral nicht anstand, wie etwa in
einer Seife von Kupfer-Erz, mußte man einen geeigneten „schwarzen, schweren Stein" suchen. Cassiterit, besonders in Seifen, kann
man ohne weiteres für einen solchen „schwarzen, schweren Stein"
nehmen. Vielleicht war eine solche, dem damaligen Kenntnisstand
unvermeidbare Verwechslung hier und da der Grund, daß aus einem bekannten Verfahren ein Metall resultierte, dessen auffallend
unterschiedliches Verhalten zum erwarteten Kupfer Anlaß zu einer
gewollten neuen Produktion gab.

Nach Ausweis der geschichtlichen Daten hat es ziemlich lange gedauert, bis man erkannte, daß der „schwarze, schwere Stein" auch,
für sich allein geschmolzen, ein neues Metall ergab.

Versuch 10: Zinn aus Cassiterit

Ungefähr die gleichen Mengen Cassiterit, Holzkohle und Schlacken-
mischung werden zusammengeschmolzen. Man erhält ohne weiteres
schöne Reguli von Zinn, die man aufgrund ihrer Farbe, ihrer leichten
Schmelzbarkeit und ihrer Weichheit als Zinn identifiziert. Ohne Zu-

satz der Schlackenmischung gelingt es fast nie, in der offenen oxidie-
renden Flamme Cassiterit zu reduzieren. Unsere Timna-Schlacke er-
weist sich also als ein recht universell verwendbares „Reagenz".

Um 1450 v.Chr. ließ der Wesir des großen Thutmosis III., Rekhmi-
rê, sein künftiges Grab mit ausführlichen Darstellungen seines Be-
rufes schmücken. Der Wesir war offenbar der oberste Fachmann für
Technik und Handwerk. Darstellungen vieler Gewerbe verzieren
sein Grab: Gerber, Seiler, Zimmerer, Tischler und eben Metallar-
beiter (Abb. 17). Die Abbildung zeigt einen Ofen mit einem Tiegel.

Abb. 17. Ägyptische Schmelzwerkstatt um 1450 v.Chr. aus dem Grab des
Rehkmirê. Offener Herd, fußgetretene Blasebälge und Ausgießen der Barren
(nach Newberry)

Vier Arbeiter treten Blasebälge mit den Füßen herunter. Das Ansau-
gen der Luft durch Anheben der Oberseite des Balges geschieht
über Schnüre mit den Händen. Die Tiegel werden mit zwei biegsa-
men langen Stangen vom Feuer gehoben, und ganz rechts im Bild
wird das Metall offensichtlich in Formen (Barren?) gegossen.
An einer anderen Stelle des gleichen Grabes verkündet eine In-
schrift:
„Man bringt asiatisches Kupfer, welches Seine Majestät siegreich aus
dem syrischen Hügelland davontrug, um Türen für den Schrein des
Amon in Karnak zu gießen."
(Gekürzt aus der engl. Übersetzung bei Wainwright.)
Zu diesem Text gehört eine Abbildung, auf der Arbeiter an ihrer
Form erkennbare Kupferbarren tragen, gefolgt von anderen, die in

Körben kleine Barren aus einem anderen Material herbeibringen.

Genaueres über das Schmelzen von Bronze aus Metallen erfahren wir aus einem etwas späteren Bild (Abb. 18) aus dem „Grab der beiden Bildhauer", ebenfalls aus Theben, aus der Zeit Amenhoteps III. (ca. 1385–1370 v. Chr.).

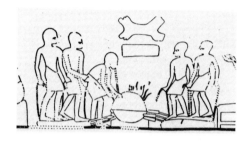

Abb. 18. Bronzeschmelzen nach einer Abbildung aus dem „Grab der beiden Bildhauer" bei Theben, ca. 1380 v. Chr. Über der Feuerstelle ist ein Ochsenhaut-Barren als Symbol für Kupfer und ein rechteckiger, im Original blaugrauer Metallbarren zu sehen, der als Zinn gedeutet wird (nach Wainwright)

Dieses Bild zeigt über dem Schmelzofen zwei Metallbarren. Der obere in Rot ist ein sogenannter Ochsenhaut-Barren, eine typische Handelsform der damaligen Zeit für Kupfer. Darunter befindet sich ein zweiter, mit grauer Farbe kenntlich gemachter Zinn-Barren. Bilder und Inschriften beweisen,

daß Bronze aus Metallen erschmolzen wurde,

daß diese Kunst (und die Metalle) aus Syrien kam und

daß diese Technik schon vor 1450 v. Chr. geübt wurde.

Wir wollen uns den Fortschritt der Metallurgie, der in den vorangegangenen Bildern dargestellt ist, experimentell verdeutlichen.

Versuch 11: Bronzeschmelzen aus Metallen – Die Grenze der Schmiedbarkeit.

Die Bilder zeigen, daß die Legierung in Tiegeln hergestellt wurde. Wir verwenden daher jetzt den in der Grundanleitung beschriebenen Tiegelofen und die schon in Versuch 2 benützten kleinen Tontiegel.

Kupfer nimmt man am besten in Form eines massiven, blanken Kupferdrahtes von etwa 1 mm Durchmesser (keine Litze). Zinn ist am einfachsten als „Lötzinn" zugänglich. Dieses Material ist aber eine Blei-Legierung. Man kann es durchaus für unsere Versuche verwenden, ohne daß die zu demonstrierenden Fakten darunter leiden. Befriedigender ist es aber, reines Zinn zu verwenden oder gar Zinn aus Versuch 9. Um die Dosierung des Zinns einigermaßen sicher zu gestalten, hämmere man das Material zu einem Draht, der möglichst den gleichen Durchmesser wie der verwendete Kupferdraht hat.

Füllt man den Tiegel etwa zur Hälfte mit rund 0,5 cm langen Stücken des Kupferdrahtes und versucht, im Ofen eine Kupfer-Schmelze herzustellen, wird man beobachten, daß das Kupfer nicht richtig aufschmilzt. Eine Inspektion des Tiegels zeigt, daß die Drahtstücke von einer dicken Oxid-Haut umgeben sind, die das Zusammenlaufen des Metalls behindert. Man benötigt also, besonders wegen der Kleinheit unserer Proben, ein Flußmittel. Um stilecht im Sinne unserer Frühzeit zu bleiben, kann als Flußmittel die Timna-Schlacke von Versuch 4 mit Vorteil verwendet werden. Als Desoxidationsmittel bietet sich Kohlepulver an. Wir stellen also folgende Chargen her:

1. Ein bis zwei Meßlöffel Schlackenmischung von Versuch 4 kommen auf den Boden des Tiegels.

2. Auf diese Unterlage kommt soviel von höchstens 1 Millimeter (!) langen Drahtstücken, daß der Tiegel bis ca. 3 mm unter den Rand gefüllt ist.

3. Über die Kupferstücke werden 1 bis 2 Löffel Holzkohlepulver eingefüllt und durch Aufstoßen des Tiegels auf dem Tisch in das Kupfer verteilt.

4. Den oberen Abschluß der Charge bildet so viel Schlackenmischung, daß der Tiegel auch nach Festdrücken der Beschickung vollständig gefüllt ist.

Die Füllung schmilzt nun leicht und glatt in unserem Ofen innerhalb etwa 5 Minuten. Zweckmäßig entfernt man jetzt kurz die Flamme, legt den Tiegel durch Abheben einiger Scheiben des Ofens frei und füllt etwas Kohle und Schlackenmischung nach. Man baut den Ofen wieder auf und heizt nochmals 5 bis 10 Minuten. Anschließend öffnet man den Ofen, nimmt den Tiegel heraus und zerschlägt ihn auf einer Eisenplatte. Das Kupfer ist zu einem unregelmäßigen Klumpen mit evtl. größeren Blasen zusammengeschmolzen. Das illustriert zunächst einmal die früheren Behauptungen über die schlechte Gießbarkeit rei-

nen Kupfers. Für die folgenden Versuche stellen wir zwei solcher Kupfer-Fladen her.

Nun stellen wir eine Bronze her, *indem wir in einem neuen Tiegel die gleiche Beschickung einbringen wie oben, aber dem Kupfer etwa $\frac{1}{20}$ seiner Menge von dem vorbereiteten Zinn zugeben. Wir befinden uns mit dieser Legierung weit links auf dem Zustandsdiagramm und erwarten eine schmiedbare Bronze. Nach dem Zerschlagen des Tiegels liegt ein gut verlaufener Regulus von schöner, ins goldene spielender Farbe vor. Das Zinn hat die Gießbarkeit des Kupfers erheblich verbessert, ohne daß der Schmelzpunkt (s. Tabelle) nennenswert herabgesetzt worden wäre.*

Als dritten Ansatz bereiten wir, genau dem bisherigen Verfahren folgend, eine Bronze mit mehr als $\frac{1}{5}$ Zinn-Anteil.

Um uns von den mechanischen Eigenschaften der Bronzen ein anschauliches Bild zu machen, schmieden wir die drei Metalle. Zunächst das Kupfer: Einige Hammerschläge verringern die Dicke des Fladens auf etwa die Hälfte seiner Anfangsdicke. Dann stellt man den breiten Fladen mit einer Pinzette auf die Schmalseite und hämmert die Probe zu einem kleinen Barren von annähernd quadratischem Querschnitt. Wir beobachten, daß sich diese Verformung ohne jede Schwierigkeit durchführen läßt und daß das Metall zwar etwas härter wird, aber keine Risse zeigt.

Von der Zunahme der Härte können wir uns dadurch überzeugen, daß wir mit dem gehämmerten Fladen den ungehämmerten anritzen können.

Beim Hämmern der Bronze mit dem geringen Zinn-Gehalt beobachten wir schon bei den ersten Schlägen einen wachsenden Widerstand. Wir müssen daher, spätestens vor dem Aufstellen der Probe (um den Barren zu formen), einmal zwischenglühen. Dies geschieht in der offenen Flamme (kleine Düse) ca. 1 min bei eben erkennbarer Rotglut (ca. 600–650° C) und langsamem Abkühlen. Die Platte läßt sich jetzt, wie vorhin beim Kupfer, zu einem Barren von quadratischem Querschnitt hämmern, wobei man wieder die Härtung des Materials deutlich spürt. Dieser Barren ritzt deutlich den Kupfer-Barren. Härte und Schmiedbarkeit einer Bronze mit niedrigem Zinn-Gehalt sind deutlich erkennbar geworden.

Versuchen wir jetzt, die Probe mit dem höheren Zinn-Gehalt so zu verformen wie die vorhergehenden Proben, müssen wir mindestens ein zweites Mal zwischenglühen. Wenn wir dabei absichtlich wieder ganz langsam abkühlen, zerbricht der Fladen lange bevor eine Barrenform erreicht ist. Es hat sich ein erheblicher Teil der ε-Bronze gebildet. Bronzen mit hohem Zinn-Gehalt sind spröde, sie lassen sich nur durch Gießen in anspruchsvollere Formen bringen. Sie sind aber sehr hart, eine Bruchkante ritzt die anderen Proben mit Leichtigkeit.

Schreckt man die Probe nach dem Zwischenglühen ab, statt langsam auskühlen zu lassen, kann man je nach Zinn-Gehalt die Versprödung etwas hinausschieben. Risse im Schmiedestück zeigen aber auch hier bald an, daß die Grenze der Schmiedbarkeit überschritten ist.

3 Kunstgießerei und Massenguß

Die Kunst des Metallgießens geht mit Sicherheit auf das 4. Jahrtausend v. Chr. zurück. Offene, in Stein geritzte oder geschnittene Formen sind technologisch die primitivste Möglichkeit, Formstücke zu gießen.

Die überwiegende Zahl der Kupferbeile scheint in solchen Formen gegossen worden zu sein. Als Material fanden vorwiegend Sandstein, Steatit und Schiefer Verwendung.

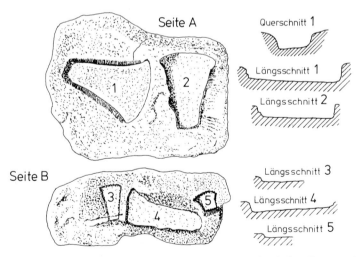

Abb. 19. In Stein geschnittene Mehrfach-Gußform der frühen Bronzezeit in England (nach Tylecote)

Die frühe Bronzezeit kannte bereits Mehrfachformen, wie sie Abb. 19 zeigt.

Sehr früh ist die Technik der „verlorenen Form" oder auch „Wachsausschmelztechnik" belegt. Die Braidwoodschen Figurinen aus Syrien sind auf 3100–2800 v. Chr. datiert, in Sumer scheint diese Technik noch früher bekannt gewesen zu sein. Sie hat sich früh über die Küsten des Mittelmeeres verbreitet und noch in unserer „Neuzeit" bei den Ife und Benin in Afrika eine archaische Spätblüte erlebt. Sie wird neuerdings wieder mit dem kostenlosen Messingmaterial der Patronenhülsen ausgeübt, die nicht nur der weiße Mann gelegentlich vom Himmel fallen läßt.

Auch die modernste Technik verwendet das Verfahren, um komplizierte Teile aus Edelstahl und Sonderlegierungen herzustellen. Eine Gießtechnik, die rund 6000 Jahre alt und immer noch in Gebrauch ist, lohnt auf jeden Fall eine Experiment.

Versuch 12: Bronzeguß im Wachsausschmelzverfahren

Da wir in unserem Ofen nur kleine Metallmengen schmelzen können und bei kleinen Mengen die unvermeidliche Oxidation sehr stört, wollen wir ein pfiffiges Verfahren anwenden, das P. Fuchs bei Afrikanern beobachtet und beschrieben hat.

Wir formen je nach persönlicher Fertigkeit eine kleine Figur aus Bienenwachs. Gibt man etwas Kolophonium zu dem Wachs, haften die folgenden Überzüge etwas besser. Die Figur sollte nicht mehr Volumen haben als die Bronzebarren aus Versuch 11. An einem Ende formt man einen Kegel an, der später den Gußtrichter bilden soll. Der große Durchmesser des Kegels sollte etwa den Innendurchmesser unserer Schmelztiegel erreichen. Dieses Wachsmodell spießt man mit der Trichterseite auf einen heißen Draht als bequeme Handhabe für die nächsten Arbeitsgänge.

Als erstes wälzt man nun das Modell in feinem Holzkohlepulver und bläst die nicht haftende Kohle weg. Aus Ton bereitet man dann einen sehr dünnen Brei und überzieht damit das Modell in dünner Schicht. Man muß darauf achten, daß der Schlamm keine Blasen behält und in alle Feinheiten eindringt. Diesen ersten Überzug läßt man über Nacht trocknen. Auf die trockene erste Schicht trägt man eine zweite auf und, nach gutem Trocknen, noch eine dritte, dickere Schicht. Ist alles gut trocken, umknetet man das Modell mit weichplastisch an-

geteigtem Ton, den man zweckmäßig mit etwa $^1/_{20}$ Kohlepulver vermengt hat. Dieses „Abmagern" des Tones läßt beim späteren Brennen mikroskopische Poren entstehen, die einen gewissen Gasaustausch beim Gießen gestatten. An der dem Trichter abgewandten Seite des Modells formt man bei diesem letzten Tonauftrag eine kräftige „Nase", damit man später einen guten Halt für die Pinzette hat.

Nun läßt man einige Tage gut trocknen und erhitzt dann das ganze sehr vorsichtig mit der Trichteröffnung nach unten. Wenn alles Wachs ausgelaufen ist, steigert man durch vorsichtiges Berühren mit der Flamme ganz langsam die Temperatur bis auf gute Rotglut und erhält diese ca. 5 min lang. Wir haben nun eine festgebrannte hohle Tonform, in die man schon Metall eingießen könnte (Krümel und Unebenheiten des Randes vorher beseitigen).

Nun aber zum eigentlichen Trick des Versuches: Wir nehmen einen unserer kleinen Schmelztiegel und füllen ihn mit reichlich kleingeschnittenem Kupferdraht (wie Versuch 11, aber ohne Schlacke); darauf legen wir soviel Lötzinn (ohne Flußmittel!), daß sich eine 20–30%ige Bronze ergibt. Der Bleigehalt des Lötzinns verbessert die Gießbarkeit der Bronze noch weiter. Dies war übrigens in der späteren Bronzezeit auch schon bekannt, wie die steigenden Blei-Gehalte von Gußstücken aus England deutlich zeigen. Auf die offene Seite des gefüllten Tiegels wird nun die offene Seite der gebrannten Form aufgesetzt und beide Teile mit einem Wulst aus recht nassem Ton dicht verbunden. Nach sehr gründlichem Trocknen dieser Verbindung können wir zum Guß schreiten. Die Form kommt mit dem Tiegel nach unten in den Ofen. Man legt so viele Schamotteplatten auf, daß auch die obere Nase der Form noch verschwindet.

Jetzt wird der Ofen vorsichtig angeheizt. Platzt dabei Ton von der Form ab, so muß man unterbrechen und die undichte Stelle neu mit Ton verschmieren und trocknen lassen.

Bei genügend langsamem Erhitzen können entstehende Gase durch mikroskopische Risse und Poren entweichen, und das Metall schmilzt ohne nennenswerte Oxid-Bildung. Letzteres wäre nach einer anderen Technik ohne Flußmittelzusatz nicht zu erreichen.

Da wir nicht in den Tiegel sehen können, müssen wir den Zeitpunkt, zu dem alles Metall aufgeschmolzen ist, zu erraten versuchen. Hilfreich ist dabei, die Form mit der Pinzette an der oberen Nase zu fassen und gelegentlich leicht zu schütteln. Dabei spürt man unter Umständen, daß der Tiegelinhalt flüssig geworden ist. Glauben wir, daß das

*Metall geschmolzen ist, warten wir noch ein oder zwei Minuten und
stellen dann die Form mit der Pinzette im Ofen rasch auf den Kopf
und löschen die Flamme.*

*Nach dem Auskühlen zerschlägt man die Form und findet, wenn alles
richtig gelaufen ist, einen getreuen Abguß des Modelles auf einem
Gußzapfen vor.*

*Macht ein bestimmtes Modell dadurch Schwierigkeiten, daß sich im-
mer an der gleichen Stelle Blasen bilden, muß man die Formgebung
des Modelles so ändern, daß diese Blasen in der Gießstellung nach
oben entweichen können.*

Für die Massenproduktion der späten Bronzezeit waren weder die
offenen Steinformen noch das umständliche Wachsausschmelzver-
fahren geeignet.

Die Wende brachte die Erfindung der „geteilten Tonform", die im
Laufe der mittleren Bronzezeit gemacht wurde. Sie ist in England
archäologisch vorzüglich dokumentiert (Tylecote). Man bettet dazu
ein Modell, z. B. aus Holz, zur Hälfte in Ton ein und versieht den
Rand dieser halben Form mit einigen Löchern. Nach dem Trocknen
dieser Hälfte deckt man den Rest des Modells mit Ton ab und erhält eine zweiteilige Form, die man noch von Hand mit Gußzapfen
und Entlüftungskanälen versieht. So kann man von einem einzigen
Modell mit relativ geringem Arbeitsaufwand viele Formen herstellen. Für lange Gegenstände wie Schwerter und Rapiere stützte man
die zerbrechliche Tonform durch eine äußere Hülle aus Holz.
Hohle Gegenstände goß man, indem man in die geteilte Form einen
Kern einfügte. Teilfugen, Gußzapfen und Oberflächenfehler der inneren Formflächen verlangten zweifellos erhebliche Nacharbeit.
Die Nacharbeit zu sparen, die ja geschickte Spezialarbeiter erforderte, war vermutlich das Ziel einer besonderen aufwendigen und
kunstreichen Formtechnik, die allen modernen Vorstellungen einer
hochwertigen Arbeitsvorbereitung durchaus Genüge tut. Es mutet
seltsam an, daß schon in der späten Bronzezeit Rationalisierung die
Grundlage für eine Masseproduktion auf hohem Qualitätsstandard
gewesen ist.

Das neue Verfahren ist eine technische Weiterentwicklung des alten
Wachsausschmelzverfahrens mit dem Ziel, zunächst hochwertige
Modelle von einem Muttermodell in großer Zahl herzustellen. Dazu

wurde das Muttermodell abgeformt und eine vollständige Gußform, vermutlich aus Wachs hergestellt. Diese „wächserne" Gußform wurde nun in Bronze (!) abgegossen.

In diese Bronzeform konnte man jetzt, wie Tylecote erprobt hat, auch Bronze gießen. Die Standzeit der Bronzeform dürfte dabei vielleicht 50 Güsse betragen haben. Das wäre schon ein erheblicher Fortschritt gegenüber der Technik der Tonform gewesen.

Man scheint aber noch weiter gegangen zu sein. Aus England und Frankreich sind Beile aus Blei bekannt, von denen manchmal mehrere Dutzend identischer Stücke in einem Hort gefunden wurden. Außerdem gibt es mehrere der oben genannten Bronzeformen in denen Blei-Reste nachgewiesen werden konnten, so daß sichergestellt ist, daß in manchen Bronzeformen tatsächlich bleierne Beile gegossen wurden. Nun kann man zwar mit einem Bleibeil sicher auch einen Kopf einschlagen, doch kann dies kaum als ausreichender Grund für eine Massenproduktion dieser Bleibeile einleuchten. Die Bleibeile sind auch nie als Grabbeigaben oder Opfer gefunden worden, so daß es keinen Hinweis auf kriegerischen oder rituellen Gebrauch gibt. Man nimmt daher an – und diese Annahme hat einen hohen Wahrscheinlichkeitswert – daß die Bleibeile ihrerseits als Modell für ein „Bleiausschmelzverfahren" dienten. Man hätte dann von einem Muttermodell und einer Bronzeform mehrere hundert Abgüsse machen können.

Dermaßen hochentwickelte Fertigungsmethoden hätten in wenigen Tagen ein ganzes Heer mit Waffen versorgen können oder auch die Bedürfnisse eines großen Einkaufsmarktes – falls genügend Gießmaterial zur Hand war. Große Hortfunde von Kupfer- und Bronze-Schrott beweisen, daß zu dieser Zeit tatsächlich erhebliche Materialreserven angelegt worden sind.

Mit der Herstellung definierter Bronzen aus den Metallen, mit der Erschließung einer ausreichenden Erzbasis und mit der Erlernung der Massenfabrikation ist die chemisch-technologische Entwicklung der Bronze im wesentlichen abgeschlossen. In den letzten Jahrhunderten des zweiten Jahrtausends v. Chr. taucht das Eisen als neuer Werkstoff auf und verdrängt langsam die Bronze aus den Bereichen „Waffe" und „Werkzeug". „Schönes" und „Erhabenes" bleiben für zwei Jahrtausende das Feld der Bronze, die erst wieder im 15. Jh. n. Chr. für Waffen, nämlich Schießgerät aller Art, im großen Umfang verwendet wird.

4 Schlaglichter aus der Geschichte

Etwa 2000 v.Chr. sind die Kreter die großen Kupferhändler. Ihr Handelsgebiet erstreckt sich vom Golf von Korinth bis nach Mesopotamien. Eine hauptsächliche Erzbasis dieses Metallhandels ist die Insel Zypern. Ein Keilschrifttext auf der Insel Cythera erwähnt einen König Narâm Sin aus Tell el Asmara (50 km nördlich von Bagdad), der noch vor der ersten Dynastie Babylons regierte (vor 2000 v.Chr.). Mehrere Siegelzylinder mesopotamischen Ursprungs, zeitlich in die erste Dynastie Babylons fallend, wurden auf Kreta und Zypern gefunden. In Mari, am mittleren Euphrat, erwähnt eine Keilschrifttafel derselben Periode Zypern (Alassia), Ugarit, Byblos und ein Land Kaptaru, das nicht genau zuzuordnen ist, aber wahrscheinlich Kreta bedeutet.

Die Handelsform des Kupfers ist in dieser Zeit der „Ochsenhaut-Barren", ein flaches Stück Kupfer von der Form einer ausgespannten Rinderhaut (s. Abb. 20) und einem Gewicht zwischen 23 und 37 kg. Es ist vielleicht kein Zufall, daß dieses Gewicht von der Größenordnung eines „Talentes" (kleines babylonisches Talent oder Shekel $\widehat{=}$ 30,24 kg) ist. Dechelette hat für die frühe mitteleuropäische Handelsform, den Doppelaxt-Barren, auch Gewichte festgestellt, die als kleine ganzzahlige Vielfache einer antiken Maßeinheit, der Mine (ca. 600 g) dargestellt werden können.

Nachdenklich stimmt in diesem Zusammenhang, daß anfangs des 16. Jahrhunderts n.Chr. die Eingeborenen von Katanga, dem heute so bekannten Minendistrikt in Afrika, Kupfer herstellten und dieses Kupfer in der klassischen Form der „Ochsenhaut-Barren" gossen und handelten.

Die Kreter werden in der Mitte des 2. Jts. v.Chr. von den Mykenern in Herrschaft und Handel abgelöst wozu vielleicht auch die bessere Qualität der zu dieser Zeit in der Ägäis plötzlich auftauchenden Arsenbronzen (Renfrew) beitrug.

Die Mykener wiederum verlieren die Vorherrschaft im mittelmeerischen Handel an die Phönizier, die um 1200 v.Chr. den Handel in der ganzen Levante beherrschen und weite Reisen unternehmen. Sie entdecken Gibraltar (vielleicht 1200 v.Chr.) gründen Cadiz (1100) und Utica (1101), hinterlassen Urkunden über Fahrten nach Tartessos (um 1000), erfinden eine alphabetische Schrift und gründen zahlreiche Kolonien. Sie fahren (vermutlich um 680) über Sumatra bis nach China, gründen eine Siedlung in Shantung, und kontrollieren um 650 den persischen Golf. Um 600 v. Chr. umfahren sie im Auftrag des Pharao Necho ganz Afrika und sehen als erste Reisende unserer Welt die Sonne im Norden, was man ihnen im 19. Jahrhundert n. Chr. nicht glauben wollte.

Ein besonderes Beispiel phönizischer Seefahrt, Handelsbegabung und Kenntnis der Metalle ist erst in den 60er Jahren zu Tage gekommen. In der ausgehenden Bronze-Zeit recht nahe um 1200 v. Chr., segelte ein 9 bis 10 Meter langes Handelsschiff in den starken westlichen Strömungen am Kap Gelydonia, dem südlichsten Vorsprung der anatolischen Halbinsel. Es kam von Zypern, wo man rund eine Tonne Metall geladen hatte und wollte offensichtlich einen phönizischen Hafen, das heutige Finike (36° 10′ Nord, 30° 5′ Ost) erreichen. Am Kap, das schon im Altertum als gefährlich verrufen war, hatte es eine Berührung mit den scharfen Klippen und

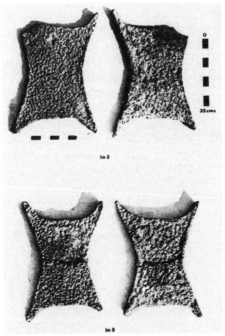

Abb. 20. Ochsenhaut-Barren aus dem vor Kap Gelydonia gefundenen Wrack eines Handelsschiffes, datiert auf ca. 1200 v. Chr. (nach Bass)

sank auf etwa 30 Metern Wassertiefe. Schwammfischer entdeckten dieses Wrack um 1960 und George F. Bass konnte eine gründliche archäologische Erforschung des Wracks und seiner Ladung durchführen. Nach Auswertung der Funde ergab sich, daß es sich um ein mit hoher Wahrscheinlichkeit phönizisches Schiff mit einem Heimathafen im nördlichen Bereich der syrisch-palästinensischen Küste handelte. Dies ist bemerkenswert, da viele Kenner des Altertums den Beginn der phönizischen Schiffahrt viel später, nämlich ans Ende des neunten Jahrhunderts ansetzen. Die Ladung bestand aus einer großen Zahl von „Ochsenhaut-Barren" sowohl ganz als auch in Stücken. Daneben fand sich Bronze-Schrott in größeren Mengen und einige Barren. Außerdem fanden sich metallisches Zinn und Werkzeuge zur Metallbearbeitung. Bass ist der Ansicht, daß es sich bei diesem Schiff um einen reisenden Bronzeschmied und Händler gehandelt hat, der von Hafenplatz zu Hafenplatz zog und in rasch errichteten Öfen nach Bestellung Waren anfertigte. Die zerteilten Ochsenhaut-Barren deuten darauf hin, daß das Material auch in kleineren Stücken verkauft wurde. Besonders bemerkenswert sind die Gewichtssätze, die der Kaufmann-Schmied mit sich führte: Sie gestatteten nach ihren verschiedenen Basisgewichten und ihrer Unterteilung den Handel mit Kaufleuten aus Ägypten, Syrien Palästina, Troja, dem hethitischen Reich, Kreta und wahrscheinlich auch mit dem griechischen Festland, also praktisch der gesamten Welt des östlichen Mittelmeeres. Die Genauigkeit dieser Gewichte erscheint uns heute nahezu unglaublich: Die Gewichte haben Toleranzen von wenigen hundertstel Gramm und zeigen somit auch die Genauigkeit der damaligen Waagen.

Dieses Wrack gibt einen tiefen Einblick in die damalige Welt des Handels und der Metallverbreitung, leider läßt sich die Herkunft des Zinns nicht näher bestimmen.

Der phönizische Fernhandel reicht bis zur Bretagne und nach England. Zinn oder Zinnerz ist die kostbare Rückfracht. Große befestigte Bergwerksanlagen für Cassiterit sind auch von der Loire beschrieben (Champaud). In Spanien treiben die Phönizier Handel mit den Produkten eines uralten ansässigen Kupferbergbaus. Von diesem Bergbau ist uns ein interessantes Detail überliefert, die wohl früheste qualitative naßchemische Analyse auf Kupfer:

Quiring untersuchte 1934 eine Anzahl kupfer-, bronze- und römerzeitliche Bergbaue in der Umgebung von Cala, 80 km nordwestlich von Sevilla. In der Mina Teuler wurde in einem Schacht ein Knochenstück gefunden, das ganz von grünen Kupfersalzen durchzogen war. Die genauere Untersuchung ergab, daß es sich um den gebrannten Backenzahn eines Kalbes handelte. Diesen Zahn hatte man offenbar in einer Mischung eines kupfer-verdächtigen Gesteins mit einer schwachen Säure (Essig, Urin?) längere Zeit gelagert. Enthält das Gestein Kupfer, besonders Malachit, so schlägt sich auf dem Zahnbein basisches Kupferphosphat als schöner smaragd- bis türkisgrüner Überzug nieder. Quiring sieht hier eine vorgeschichtliche Analysenmethode um Kupfer vor allem auch in grünlich gefärbtem Nebengestein zu erkennen.

Dieses Analysenverfahren soll uns einen Versuch wert sein:

Versuch 13: Kupfernachweis mit dem Kälberzahn

Wir beschaffen uns einen Backenzahn vom Rind. (Da Kälber vielerorts nicht mehr geschlachtet, sondern ohne Köpfe importiert werden, kann die Beschaffung eines Kälberzahnes ein Abenteuer werden.) Diesen Zahn brennen wir entweder im Grillfeuer oder mit unserem Brenner (im Freien!), bis möglichst aller Kohlenstoff verbrannt ist. Den weißen Zahn bzw. einige Bruchstücke davon legen wir in ein Glas zusammen mit etwas gepulverten Malachit und übergießen mit gewöhnlichem Haushaltsessig. Bereits nach zwei Tagen sieht man die unverkennbare schöne Grünfärbung (s. Farbtafel 3).

Es sei noch bemerkt, daß diese Grünfärbung auch an Menschenknochen auftritt und so an vorgeschichtlichen Skeletten erkannt werden kann, wo der Tote bei der Grablegung Bronze- oder Kupferschmuck getragen hat.

Eine bedeutende Rolle in der Geschichte der Metalle spielt König Hiram von Tyros. Er ist der vielseitige Handelspartner König Salomos. Er liefert Zedern auf dem Seeweg, rüstet Expeditionen für Salomo nach dem geheimnisvollen Goldland Ophir aus und stellt hervorragende Metallurgen und Handwerker zur Verfügung.

Es ist reizvoll, die Bibel einmal mit dem Auge des Technikers und Seemannes zu lesen. In Könige 1, 5, 15–25 finden sich Angaben über den Vertrag Salomos mit Hiram über die Floßschiffahrt, Hochseeschiffahrt nach Ophir in 9, 26–28 und die Tarsis-Schiffe (Spanienfahrer?) werden in 10–22 erwähnt.

Der Guß der Tempelgeräte findet sich im ersten Buch der Könige 7, 13–47. Zwei Säulen, ca. 9 m hoch mit 2 m Durchmesser hohlgegossen mit 8–10 cm Wandstärke und das „Meer", ein Becken von etwa 5 m Durchmesser und einem Inhalt von zweitausend Eimern (20 m^3), sind die Hauptstücke die Salomo von Hirams Fachmann, selbst Hiram geheißen, in Kupfer (oder Bronze) gießen läßt.

Wenn die Säulen tatsächlich in einem Stück gegossen worden sind, und der sehr genaue Text läßt daran eigentlich keinen Zweifel, so bedeutet das, daß man 900 Jahre v. Chr. Gußstücke von etwa 60 Tonnen Gewicht herstellen konnte, was selbst heute noch als ansehnliche Leistung gelten dürfte.

Mehrfach wird betont, daß ganz ungeheure Mengen Metall tatsächlich verwendet und später auch von Nebukadnedzar zerschlagen und geraubt wurden (Jeremia 52, 17–23).

In den folgenden Jahrhunderten treten die Etrusker und die Griechen als Bronzekünstler in Erscheinung. Die ersteren treiben in den Küstenbergen der Toskana z. B. bei Massa Maritima Kupfer- und Eisenbergbau. Sie entwickeln den Kunstguß und die Blecharbeit zu

Abb. 21. Die Vase von Vix

höchster Blüte und regen die Nachbarn jenseits der Alpen, die Kelten, zur Erschaffung wunderschöner Dinge an (Beispiel: die Schnabelkanne von Dürrnberg, Museum Hallein, s. Farbtafel 4).

Die Griechen leisten schier Unglaubliches im Bronzeguß. Man denke an die zahllosen überlebensgroßen Bronzestatuen von Göttern und Menschen, die seit dem 5. Jh. v. Chr. entstanden und von denen man bis in unsere Zeit immer wieder neue Stücke gefunden hat.

Einen Höhepunkt griechischer Treibarbeit stellt die Vase von Vix (Museum in Chatillon-sur-Seine) dar (Abb. 21). Es handelt sich um einen Krater, ein Mischgefäß für Wein aus Bronzeblech ohne Nieten oder Nähte getrieben mit angefügtem Rand und Henkeln. Der Körper des Kraters ist aus einem einzigen Bronzeblech von über 3 m^2 und einer mittleren Dicke von 1,2 mm getrieben. Die Bronze enthält 8% Zinn und mußte daher für die grobe Verformung öfter zwischengeglüht werden. Die Höhe des Gefäßes beträgt 1,64 m, sein Inhalt rund 1100 Liter bei einem Gewicht von 208 kg. Das Stück wurde in Griechenland etwa 500 v. Chr. hergestellt und wahrscheinlich über Massilia (Marseille) nach Vix verhandelt. Es zählt zu den größten bekannten Metallgefäßen des Altertums. Der Anblick dieses Gefäßes ist überwältigend und lohnt auf jeden Fall den Abstecher bei einer Urlaubsreise (R. N. 71, halbwegs zwischen Troyes und Dijon).

Die Römer, als Volk der Eisenzeit, kamen wohl einfach zu spät, um zur technischen Entwicklung der Bronze noch wesentliches beizutragen. Sie beherrschten die Technik ihrer Vorgänger in allen Einzelheiten und ließen ihr eigentliches Talent, die Organisation, sich in ihrem immer größer werdenden Reich voll auswirken.

Auf ihren gewaltigen Bergbau werden wir noch beim Gold zu sprechen kommen. Selbst in Timna nahm die Legion Cyrenaika den Kupferbergbau wieder auf und auch in Deutschland wurde Kupfererz gegraben und verarbeitet.

Zwei alte Grubenbaue sind hier dem Besucher zugänglich. Ein mittelalterliches Kupferbergwerk bei Fischbach/Nahe (eine Eisenbahnstation vor Idar-Oberstein) enthält vom mittelalterlichen Bergbau angeschnittene kleine Gänge und Stollen, die nach Wild möglicherweise römischen oder sogar früheren Ursprungs sind.

Ein eindeutig römisches Bergwerk (Conrad) ist in St. Barbara bei Wallerfangen (an der BAB 620 Saarbrücken-Dillingen) von den

Saarbergwerken wieder begehbar gemacht bzw. wie der Bergmann sagt „aufgewältigt" worden. (Schlüssel beim Ortsvorsteher in St. Barbara). Dieses Bergwerk steht im Voltzien-Sandstein, einer Trias-Formation, die bis weit nach Lothringen hin Einsprengungen von Malachit und dem herrlich blauen Azurit enthält. Letzterer ist in dem alten römischen Bergwerk bis in die Neuzeit als Farbpigment abgebaut worden. Aus diesem Vorkommen soll Leonardo da Vinci sein Blau bezogen haben. Der grüne Himmel der Mona Lisa ist möglicherweise durch Wasseraufnahme des Azurits entstanden, der sich zu Malachit umgewandelt hat.

5 Messing

Messing, das geschmeidigste, schönste und am weitesten verbreitete Ziermetall besteht aus Kupfer mit 5-45% Zink.
Sein Name rührt vielleicht von Μοσσύοιχορ χαλχορ her, dem Erz oder Kupfer der Mossynoiken. Diese waren ein Völkerstamm im Nordosten Kleinasiens. Die Erfindung des Messings wird auch den Persern zugeschrieben. Um die Zeitenwende taucht das Metall in Rom auf. Sein schönes goldenes Aussehen bringt den auch in Gelddingen einfallsreichen Kaiser Nero (Kaiser von 54-68 n. Chr.) auf die Idee, Münzen aus Messing zu prägen. Offensichtlich wurde Messing damals importiert, denn Plinius d. Ä. (24-79 n. Chr.) schreibt, dieses Metall komme „aus einem Erz, das keiner kennt". Andererseits soll es in den Gruben der Lavinia, die in den savoyischen Alpen gelegen haben, gefunden worden sein. Ferner erwähnt Plinius, daß in den germanischen Provinzen Galmei ($ZnCO_3$), also ein wichtiges Zinkerz gefunden wurde. Fest steht, daß die Römer bis etwa 150 n. Chr. in den Gebirgen zwischen Maas und Rur Galmei abbauten und verfrachteten. Ab etwa 150 n. Chr. wird dann auch in der Eifel Messing aus Kupfer und Galmei hergestellt. Metallisches Zink stellte erst Emerson 1781 dar, bis dahin wurde Messing stets durch die eigentümliche Reaktion dargestellt, die wir am besten in einem Versuch kennenlernen.
Nach der Beziehung

$$ZnCO_3 \xrightarrow{\text{Hitze}} ZnO + CO_2$$

und

$$ZnO + C \xrightarrow{\text{Hitze}} Zn + CO$$

entsteht metallisches, aber im Ofen leichtflüchtiges und mit Luft sofort wieder zu ZnO verbrennendes Zink.

Läßt man diese Reaktion in einem luftdichten Tiegel in Gegenwart von Kupfer ablaufen, kann man eine Legierung aus den Metallen Kupfer und Zink erhalten, ohne jemals Zinkmetall in der Hand gehabt zu haben.

Versuch 14: Messing

Wir bereiten einige Tontiegel wie in der Grundanleitung zu, aber von etwa 20 mm Höhe. Die große Höhe ist für den luftdichten Abschluß notwendig. Diese Tiegel werden gebrannt und einige Exemplare ausgesucht, die besonders frei von Falten und Rissen sind.

Zunächst glüht man einige Portionen fein gemahlenen Galmei oder auch Zinkoxid (aus der Apotheke) ca. 2 min aus. Nach dem Abkühlen mischt man 2 Teile (Schüttvolumen) feingepulverte Holzkohle mit 1 Teil Galmei oder Zinkoxid. Dieser große Überschuß an Kohle ist erforderlich, um unter allen Umständen während der Reaktion reduzierende Bedingungen zu garantieren.

In einen guten Tiegel füllt man soviel von der Mischung, daß nach gründlichem Feststampfen eine Bodenschicht von ca. 3 mm Höhe vorliegt. Darauf legt man eine Lage von Kupferdraht in kurzen Stücken. Das Kupfer wird wieder mit einer ca. 3 mm hohen Schicht der Galmei-Kohle-Mischung überdeckt und festgestampft. Nun kommt der eigentliche Trick des Versuches, der luftdichte Abschluß, der für das Gelingen des Versuches entscheidend wichtig ist.

Dazu stampfen wir zunächst etwa 1 mm hoch trockenen gepulverten Ton auf das Reaktionsgemisch. Darüber kommt eine etwas dünnere Lage gepulvertes Glas. (Fensterscheibe, Flasche, Glühbirne). Auf das Glas wieder eine Lage Ton, noch eine Lage Glas und zum Abschluß wieder Ton,

Den so beschickten Tiegel heizt man zunächst mit der Flamme an und verschließt etwa sich bildende Risse mit Tonpulver. Sodann wird der Tiegel im Ofen 45–60 Minuten bei größtmöglicher Hitze geglüht. Anschließend wirft man den Tiegel in ein Schälchen mit Wasser. Läßt man langsam auskühlen, läuft man Gefahr, daß Risse entstehen und das noch heiße Metall stark oxidiert.

Im Tiegel findet man ein Messingstück von schöner goldener Farbe.

*Das Reaktionsgemisch muß noch schwarz sein, sonst war entweder zu
wenig Kohle in der Mischung oder der Tiegel war undicht, man erhält
dann zu wenig oder gar kein Messing.*

Abb. 22. Messing aus Kupfer und Galmei

Der Versuch zeigt, wenn wir uns einmal in die alten Metallurgen
versetzen wollen, daß man ein bekanntes Metall in der Hitze und
durch Beigabe einer bestimmten „Erde" in ein neues Metall um-
wandeln kann. Das neue Metall erscheint fast wie Gold und hat sicher die Phantasie manches braven Hüttenmannes beflügelt.

Es liegt nahe, in diesem Vorgang die Quelle des Alchimistischen
Traumes von der „Transmutation der Metalle" zu sehen. Um so
mehr, als man mit einer anderen „Erde", dem „Giftrauch" der Blei-
hütten (Arsentrioxid) dem Kupfer auch ein silber-artiges Aussehen
verleihen konnte.

Auch dieser Prozeß, nichts anderes als eine späte Nacherfindung
der Arsenbronze, mag als „Beweis" für die mögliche Transmutation
der Metalle angesehen worden sein.

Die römisch-germanische Messing-Industrie zwischen Dinant, Aachen und Stolberg mit einem Zentrum in Gressenich dürfte die
Quelle der berühmten Hemmorer Eimer sein. Diese Messingeimer
mit einem Fuß und einem häufig sehr schön ziselierten Rand sind
über Norddeutschland – das Landesmuseum Hannover besitzt 30
Stück – die dänischen Inseln, Stavanger, Stockholm, den Weichsel-

bogen bis zur Donau verbreitet. Sie werden oft zusammen mit campanischem (römischen) Bronzegeschirr gefunden. Die Dicke der Wandungen geht kaum über 2 mm. Die Legierung enthält etwa 71% Kupfer, 5% Zinn und durchweg 17,5% Zink.

Die Messing-Herstellung in dem genannten Raum hat etwa 250 n. Chr. fast gänzlich, aber nicht völlig, aufgehört. „Zwischen Maas und Rhein ging die Kunst der Metallherstellung auch in den „dunklen Jahrhunderten" nicht ganz verloren". Das Curtius-Museum in Lüttich besitzt große Mengen von merowingischen Kleinbronzen aus Gräbern der Umgebung (Heristal) (Mathar).

Einhard, der Kanzler Karls des Großen, war als „vorzüglicher Meister der Erzkunst" berühmt, von ihm stammen die Tore und Gitter am Aachener Münster. Nach ihrem Muster wurden auch Domtüren für Mainz und für die berühmte Michaelskirche in Hildesheim gegossen. Diese Tore sind als Bronze anzusprechen, sie enthalten, mit Ausnahme der Hildesheimer Stücke (4,3% Zn linker Flügel, 5,04% Zn rechter Flügel) nur Spuren von Zink. Der siebenarmige Leuchter Heinrichs des Löwen in Braunschweig (um 1000 n. Chr.) soll aus einer Mischung von Kupfer, Zinn und Zink bestehen. Um diese Zeit muß auch im Harz Messing erzeugt worden sein, denn Theophilus, Mönch aus Hellmarshausen bei Paderborn schreibt um 1100 in seiner „Schedula diversarium artium", daß die Sachsen „falsches Gold" bis in die Auvergne verkaufen.

In den kommenden Jahrhunderten liefert Goslar den „Goslarer Galmei", einen weißen Niederschlag von ZnO aus den Essen der Bleiöfen in die Aachener Gegend, der dort gelegentlich dem am Orte vorhandenen Galmei vorgezogen wurde.

Die gute Gießbarkeit des Messings und der zunehmende Bedarf an hübschen Kleinigkeiten brachte eine interessante Form der Massenproduktion im 15. und 16. Jahrhundert hervor. Biringuccio beschreibt aus einer Mailänder Messingfabrik eine Gruppe von Arbeitern beim Herstellen von Massenformen:

„Sie nahmen nun einen Klumpen ziemlich festen Lehm von der erforderlichen Größe, der mit Scherwolle oder Hanf versetzt und gut geschlagen war. Dann breiteten sie auf einem Brett von 1 Spanne Länge und etwas größerer Breite, als die Modelle hatten, eine Lehmschicht von höchstens ½ Zoll Dicke aus, strichen sie schön glatt und bestäubten sie mit Kohlenpulver. Dann formten sie darin ihre Modelle ab, vollständig gußfertig mit den Luftkanälen, dem Einguß und allen Tei-

len, die zur Herstellung einer fertigen Form nötig sind. Die Modelle bestanden zum Teil aus Zinn und zum Teil aus Messing. Sie waren genau gearbeitet, gefeilt und gut poliert. Die Stücke mußten also ebenso werden, wenn die Form gut gemacht war. Jeder Meister hatte vor sich auf dem Arbeitstisch, an dem er formte, einen kleinen viereckigen Ofen aus Eisenblech. Dieser war mit Ziegelsteinen und Lehm ausgekleidet. Unten war ein kleiner Rost. Oben war der Ofen in seiner ganzen Länge offen. Diesen heizten sie mit ein paar glühenden Kohlen, die sie auf den Rost legten und hielten ihn damit dauernd warm. Auf einen kleinen Rost, der auf dem Rande war, legten sie die soeben geformte frische Formhälfte zum Trocknen. Während diese trocknete gingen sie daran, eine andere zu formen. Wenn diese auf dieselbe Weise geformt war, legten sie sie neben die erste, und so fuhren sie fort, bis 6 bis 8 Stück fertig waren. Dann nahmen sie die erste Form wieder vor, die inzwischen Zeit und Wärme genug gehabt hatte, um ganz oder wenigstens annähernd zu trocknen, und machten darüber die andere Formhälfte. Auf der Oberseite dieser Hälfte formten sie andere Modelle ab und fuhren bei den anderen in der gleichen Weise fort. Dann Begannen sie die Arbeit bei der ersten von neuem und fuhren bei den anderen in derselben Weise fort."

Diese Formen, die 50 bis 60 Teile enthielten, wurden dann zu Blökken zusammengefügt, gebrannt und mit Messing frisch aus dem Tiegel ausgegossen.

Biringuccio vertritt übrigens die Ansicht, daß man Messing sicher wohl an allen Orten machen könnte, wenn man den Galmei dorthin transportierte.

IV. Blei und Silber

1 Die Frühzeit

Blei und Silber gehören in der Geschichte der Metalle eng zusammen. Die ältesten Funde von Blei als Metall gehen auf Çatal Hüyük zurück und werden auf etwa 6500 v. Chr. datiert. Auch aus dem 6. Jahrtausend v. Chr. gibt es Funde von metallischem Blei aus Yarim Tepe im Irak, aus dem 5. und dem 4. vorchristlichen Jahrtausend aus dem Iran. Wenn diese Datierungen richtig sind, und daran kann wohl kaum ein Zweifel bestehen, ist die Blei-Metallurgie schon vor der Erschmelzung des Kupfers entdeckt worden (Gale und Gale).

Die frühe Entdeckung der Bleigewinnung aus Erzen hängt mit den Eigenschaften der natürlichen Bleivorkommen zusammen. Blei schmilzt bei 327°C und wird weit unter 800°C aus geeigneten Erzen reduziert. Solche Temperaturen lassen sich in einem offenen Holzfeuer ohne weiters erreichen. Andererseits, und das ist die interessante Besonderheit der Blei-Metallurgie, ist das Blei nicht „feuerbeständig" sondern setzt sich in der Hitze leicht zu seinem Oxid, der Bleiglätte, PbO, um. Kann man also einerseits im Feuer Blei gewinnen, so vergeht das Metall bei zu langem Einwirken des Feuers wieder zu einer im Gegensatz zum Zinn leichtschmelzenden „Schlakke", die auch im Boden der Feuerstelle versickern kann. Das in manchen Bleierzen enthaltene Silber bleibt unter diesen Umständen als Metall übrig.

Bleiglanz, ein schweres Mineral von blau-silbriger metallischer Farbe, ist das häufigste Bleierz. Es ist das Sulfid des Bleies (PbS). Sulfide lassen sich nicht durch einfaches Erhitzen in Metalle umsetzen, sondern müssen, wie wir beim Kupfer gesehen haben, vorher zumindest teilweise geröstet werden. Es ist nicht völlig auszuschließen, daß die erste Erschmelzung des Bleies im 7. Jahrtausend vor Christus auf einem zufälligen Röstprozeß aufbaute. Viel wahrscheinlicher ist es jedoch, daß die Verwitterungsprodukte der ausstreichenden Bleiglanz-Gänge, hier besonders die „Bleierde", chemisch identisch mit dem Weißbleierz oder Cerrusit ($PbCO_3$), das erste Mineral war, aus dem ein Metall erschmolzen wurde. Dieses Mineral ist bei niedrigen Temperaturen thermodynamisch weit stabiler als Bleioxid oder gar Bleiglanz und stellt damit sicher das Endglied in der Verwitterung eines Bleiglanz-Ganges dar. Es ist diejenige Verbindung des Bleies, die offen zutage liegen kann. Von der Leichtigkeit, mit der sich dieses Mineral bei erhöhten Temperaturen nach:

$$2\ PbCO_3 + C \rightarrow 2\ Pb + 3\ CO_2$$

in Blei und Kohlendioxid zerlegen läßt, kann man sich durch einen Versuch eindrucksvoll überzeugen lassen.

Versuch 15: Blei aus Cerrusit und Bleiglanz

Cerrusit, auf manchen Lagerstätten als schön kristallisiertes Mineral auftretend, ist meist farblos bis weiß, und häufig pseudomorph nach Bleiglanz ausgebildet. Ein kleiner Splitter des Minerals auf Kohle mit der Flamme der kleinen Düse erhitzt, schmilzt leicht, zerplatzt aber gern in viele kleinere Splitter. Man kann das Mineral auch wie bei den vorhergehenden Versuchen zermahlen und mit etwas Speichel zu einem Klumpen formen. Sobald das Mineral eine rote Farbe annimmt, setzt die Reaktion ein. Arbeitet man mit einem Splitter, kann man bald ein Aufbrausen wahrnehmen, mit dem Kohlendioxid austritt. Mit der Lupe erkennt man unschwer das entstandene Bleikorn. Dieser Versuch ist eine der besten Gelegenheiten, die Handhabung des im Anhang beschriebenen Lötrohres kennenzulernen, da es bei diesem Versuch nicht so genau auf die Güte der reduzierenden Flamme ankommt.

Man nehme hierbei einen recht kleinen Splitter des Minerals in einer kleinen, beispielsweise mit einem Pfennig in die Stirnseite einer Kohle eingegrabenen flachen Höhlung und achte auf eine leuchtende Flamme. Schnell bildet sich unter Aufbrausen das Bleikorn. Bläst man noch ein wenig mit der oxidierenden, blauen Stichflamme weiter, bildet sich auf der Kohle in der Umgebung des Bleikorns ein gelber Niederschlag. Diesen Niederschlag kann man wieder vertreiben, wenn man die Flamme darauf richtet. Farbe und Vertreibbarkeit sind charakteristisch für Blei.

Man wiederhole jetzt den Versuch mit einem Splitter Bleiglanz. Dabei schmilzt man zunächst den Splitter zweckmäßig mit der oxidierenden Flamme auf, wobei der Schwefel „abröstet" (Geruch!) und kann dann mit der reduzierenden Flamme leicht ein Bleikorn erhalten. Manchmal enthält der Bleiglanz Arsen und/oder Antimon, die einen weißen, vertreiblichen Belag auf der Kohle ergeben. Mancher derbe Bleiglanz enthält soviel an anderen Mineralien, daß der Versuch erschwert wird, man verwende daher ein Stück mit deutlichen Würfelkanten.

Versucht man nur mit der reduzierenden Flamme aus dem Erz ein Bleikorn zu erhalten, wird man feststellen, daß dies bei einwandfreier Flammenführung gar nicht oder nur nach längerem Blasen gelingt. Diese Unterschiede sind für die Beurteilung der Hypothesen zur alten Verfahrenstechnik sehr hilfreich.

Tylecote hat mehrere Versuche mitgeteilt, Blei nach der „Lagerfeuermethode" aus Bleiglanz zu erschmelzen. Er hat in einem kleinen steinernen Ofen von etwa 25×25 cm Grundfläche und ca. 60 cm Höhe Schmelzversuche mit Bleiglanz ohne künstliche Luftzufuhr, nur mit dem Eigenzug, durchgeführt. In dem Ofen wurde ein kräftiges Feuer aus Holzstücken entfacht und nach gutem Durchbrennen knapp 1½ kg Bleiglanz von oben auf das Feuer gestreut. Der Ofen wurde dann sich selbst überlassen und lieferte nach dem Abkühlen etwa 25 g metallisches Blei. Ein Teil des Sulfides war also abgeröstet worden und hatte, möglicherweise nach der doppelten Umsetzung:

$$2\ PbO + PbS \longrightarrow 3\ Pb + SO_2$$

Blei ergeben, ganz in Analogie zu der schon beim Kupfer beschriebenen Röstreaktion.

Eine nennenswerte Ausbeute läßt sich aber nur durch eine getrennte Röstung erzielen. Bei der Abwägung der Hypothesen, Bleiglanz oder Verwitterungsmineral, muß man sich schließlich auch vor Augen halten, daß eine sehr schlechte Ausbeute eine zufällige Entdeckung des Produktes sicher erschwert.

Im engsten Zusammenhang schon mit dieser primitiven Blei-Gewinnung der Urzeit muß man die Entdeckung oder besser *Herstel-*

lung von Silber sehen. Schon die ältesten Silber-Gegenstände, so meint die moderne Archäologie, seien durch Kupellation des Bleies erzeugt worden. Gediegenes Silber, rund zehntausendmal seltener als gediegenes Kupfer, läßt sich kaum durch Hämmern zu größeren Stücken vereinigen, auch die Herstellung von Blechen erscheint aus diesem Material nicht möglich. Der relativ hohe Schmelzpunkt des Silbers (962 °C) setzt auch schon ein heißes Feuer voraus, wenn man annehmen will, daß das gediegene Metall durch Schmelzen zu größeren Stücken vereinigt worden sei.

Wichtigstes und überzeugendes Argument für erfolgte Kupellation ist allerdings der Bleigehalt in Höhe einiger Zehntel bis zu etwa zwei Prozent, den man in den ältesten Stücken gefunden hat. Der älteste chemisch untersuchte Silbergegenstand ist ein Stück eines Beschlages von einem Kästchen der prädynastischen Naqada-Periode Ägyptens. Dieser Beschlag enthielt 0,4% Blei und darf als Beweis gelten, daß die Kunst der Kupellation schon um 3600 v.Chr. bekannt war.

Ein faszinierendes Beispiel von unglaublich gekonnter Handarbeit ist *der Bulle von Djemdet-Nasr,* Uruk, der auf etwa 3000 v.Chr. da-

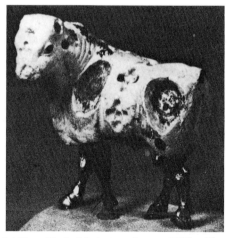

Abb. 23. Der Stier von Djemdet Nasr, Uruk, Mesopotamien, ca. 3000 v.Chr. (Museum Bagdad)

79

tiert wird. Der Körper des Tieres ist aus Kalkstein gearbeitet, die vier Beine und die Genitalien sind aus einem Metall gegossen, welches nach Augenschein als Silber angesprochen werden muß. (Eine Analyse liegt nicht vor). Die Füße des Bullen sind offenbar in der Wachs-Ausschmelztechnik gegossen und zeigen eine Ausarbeitung der Details, wie sie aus keiner der Arbeiten dieser Epoche sonst bekannt ist. Der Haarkranz über den Hufen ist deutlich als Behaarung zu erkennen, unter der Haut spannt sich die Muskulatur und alle großen Sehnen sind in vorzüglicher Wiedergabe zu erkennen. Diese außerordentliche Feinheit des Details im Guß ist nahezu zwingend für die Annahme von Silber mit einem gewissen Bleigehalt, da sich reines Silber kaum in dieser Feinheit gießen läßt. Diese Arbeit ist technisch und künstlerisch so vollendet, daß auch ein Benvenuto Cellini sich ihrer nicht hätte zu schämen brauchen.

Aus den Gräbern von Ur ist ein metallurgisch bemerkenswertes *Schiffsmodell* an den Tag gekommen (IM 89/18). Das Modell ist etwa 25 cm lang, mehr als 10 cm hoch und aus Silber mit einer Wandstärke von ca. 3 mm in einem Stück gegossen. Ein so großer Silberguß ist für die damalige Zeit wirklich erstaunlich, auch wenn das Stück nicht frei von Lunkern ist. Diese Gegenstände sind der Beweis, daß es schon im vierten Jahrtausend vor Christus eine vielstufige und zielgerichtete Technologie gab, die in der Lage war, Stoffumwandlungen vielfältiger Art zu ganzen Prozeßketten zusammenzufügen.

Die beiden folgenden Versuche zeigen die Grundlagen einer mehr als fünftausendjährigen Technik:

Versuch 16: Bleiglätte

Zwei flache Schälchen aus Ton werden gut und hart gebrannt. Auf das erste der Schälchen legen wir ein Bleikorn von zwei bis drei Millimetern Durchmesser, Wir können dazu die Körner von Versuch 15 verwenden oder auch ein beliebiges anderes Blei, zum Beispiel von einem alten Wasserrohr oder Blech vom Klempner.

Wir erhitzen das Korn entweder mit der oxidierenden Flamme des Lötrohres oder mit der äußersten Flammenzone des Butanbrenners, die schon möglichst viele unverbrannte Luft aufgenommen hat. Schon nach kurzem Erhitzen sondert das Bleikorn eine glasartige, ziemlich leicht schmelzende Substanz ab. Dies ist das als „Bleiglätte" bezeich-

nete Oxid des Bleies. Der Schmelzpunkt liegt bei 886° C. In der Hitze ist diese Schmelze rötlich gefärbt, in der Kälte gelb. Die Schmelze bedeckt rasch die Bleikugel und verhindert die weitere Oxidation. Wenn dies eingetreten ist, brechen wir das Bleikorn heraus und übertragen es in das zweite Schälchen. Erneutes Oxidieren zeigt erneute Bildung von Bleiglätte und bald wird auch die Abnahme der Blei-Menge dem Auge erkennbar.

Abb. 24. Bleikorn mit Bleiglätte nach oxidierendem Blasen

Die hier zu beobachtende leichte Oxidierbarkeit des Bleies und die Dünnflüssigkeit der Bleiglätte sind die Grundlage aller als „Kupellation" bezeichneten Prozesse. Der Name dürfte daher rühren, daß man in der Renaissance die Oxidation des Bleies auf flachen Herden vornahm, bei denen das Blei zuunterst auf den Herd gelegt wurde, das Feuer darüber brannte und die für die Oxidation erforderliche Luft von Oben durch das Feuer auf das Blei gerichtet wurde. Solche Herde waren mit einer abnehmbaren Kuppel überdeckt. Diese Kuppelherde haben vielleicht dem Verfahren den Namen gegeben. Im deutschen Sprachraum wird der Prozeß auch „Abtreiben" genannt.

Die Entstehung größerer Mengen flüssiger Bleiglätte ist störend, sobald man nur noch geringe Metallmengen vorliegen hat, in denen die Edelmetalle, besonders das im Erz enthaltene Silber, nun stark angereichert sind. Deshalb hat man schon früh (nachgewiesen aus der Römerzeit) Herde erfunden, in denen die Bleiglätte im Material des Herdes versickert. Dieses Verfahren werden wir im nächsten Versuch anwenden.

Versuch 17: Silber aus Bleiglanz, Kupellation

Bleiglanz enthält in kleinen, meist mechanisch beigemengten feinsten Körnchen die verschiedensten Silbererze, wie Rotgültigerz, Fahlerz, Polybasit, Silberglanz und andere. Diese beigemengten Erze bezeichnet man als „Silberträger". Der Silbergehalt, bezogen auf den Bleiglanz, beträgt zwischen 0,01 und 0,5% gelegentlich kommen auch Gehalte von über einem Prozent vor. Englische Erze sind sehr silber-arm und lohnen die Mühe nicht. Bleiglanz aus Freiberg in Sachsen, aus Griechenland, Nordamerika und Alaska verspricht eher einen Erfolg, wenn man nicht vom Händler einen bekannt silber-reichen Bleiglanz erhalten kann.

Der Silber-Gehalt des verwendeten Bleiglanzes bestimmt die Menge des einzusetzenden Materials. Ziel unserer Arbeit ist ein noch gut sicht- und handhabbares Silber-Korn zu bekommen. Eine vernüftige untere Grenze für den Durchmesser eines solchen Kornes liegt etwa bei 0,2 bis 0,3 mm. Ein Silber-Korn von 0,27 mm Durchmesser als Kugel gerechnet wiegt gerade 0,1 Milligramm. Hätte unser Blei, aus dem wir das Korn gewinnen wollen, einen Silber-Gehalt von 0,1 Prozent, würde eine Blei-Menge von gerade 100 Milligranm oder 0,1 Gramm genügen. Zu einer idealen Kugel geschmolzen hätte diese Bleikugel einen Durchmesser von 2,6 mm. Dies ist eine Menge, die man noch gut vor dem Lötrohr behandeln kann, weshalb sich übrigens in der Probierkunst das Gewicht 100 mg = 1 „Probierzentner" bis heute erhalten hat.

Wir beginnen unseren Versuch damit, daß wir, wie bereits beschrieben, aus unserem Bleiglanz Blei herstellen, Man tut dies bequemerweise nicht in einem Ansatz, sondern in zwei bis drei getrennten Portionen und schmilzt die erhaltenen Bleikörner zu einem einzigen Korn zusammen. Um sich die Arbeit zu erleichtern, kann man auch die ganz alte Technik hier verlassen und den Bleiglanz mit etwa der dreifachen Menge Soda verreiben. Das Soda nimmt den Schwefel-Gehalt des Erzes auf und liefert mit leichter Mühe schöne Bleikörner. Diese Arbeit wird fortgesetzt bis man ein Bleikorn von etwa 3 mm Durchmesser hat. Für das Abtreiben des Bleies, die Kupellation, bereiten wir nun vier oder fünf ,,Kupellen" vor. Dazu füllen wir jeweils einen kleinen Tiegel aus Ton mit trockener Knochenasche (Apotheke), die mit der runden Rückseite eines Bleistiftes mehrmals festgedrückt wird, bis eine flache Mulde erhalten ist, die mit der Oberkante des Tiegels abschneidet. Diese ,,Kupellen" werden mit der Flamme langsam und vorsichtig bis auf leichte Rotglut erwärmt (,,abgeätmet") und aufbewahrt.

Beim Abtreiben kommt es jetzt darauf an, die Knochenasche so heiß zu halten, daß die gebildete Bleiglätte möglichst tief eindringen kann und so eine ausreichende Kapazität der Kupelle erhalten wird. Wir führend eine scharfe Oxidationsflamme gegen den Tiegel, der auf eine gut wärmeisolierende Unterlage (am besten ein Stück Holzkohle) aufgestellt wird. Nur die seitliche Zone der Flamme braucht noch das Blei zu berühren, um eine rasche Oxidation zu bewirken. Wem das Blasen mit dem Lötrohr auf die Länge des Versuches zu anstrengend wird, kann die Flamme des Butanbrenners benützen, in ziemlich großem Abstand, damit genügend Luft an das Blei kommt. Man beobachtet bei genügender Hitze der Kupelle ein ziemlich rasches Abnehmen des Durchmessers der Bleikugel. Die Asche in der Kupelle färbt sich gelb, wenn das Blei annähernd rein war. Waren außer dem Silber andere Metalle enthalten, kann die erste Kupelle grün bis schwarz gefärbt sein.

Verlangsamt sich die Abnahme des Bleikorns, lassen wir das Korn erkalten, übertragen es auf eine neue Kupelle und treiben weiter ab (eventuell noch ein drittes Mal). Je nach dem Silbergehalt des Bleiglanzes bleibt schließlich ein von selbst erstarrendes kleines Korn übrig, das mit der bisher angewendeten Hitze nicht mehr geschmolzen werden kann. Man erkennt schon an der Farbe, daß es sich nicht mehr um Blei, sondern um Silber handeln muß.

Zwei Erscheinungen können beim Erstarren beobachtet werden: Im Augenblick des Erstarrens leuchtet das Korn gelb-grün auf. Dies ist der berühmte Silberblick, ein Aufglühen des Korns durch das Freiwerden der Schmelzwärme im Augenblick des Erstarrens. Hat man sehr reines Silber erhalten, kann das Korn beim Erstarren zerplatzen. Dies beruht darauf, daß reines Silber Sauerstoff aus der Oxidationsflamme auflöst. Der gelöste Sauerstoff tritt beim Erstarren des Silbers wieder aus und führt zum Zerplatzen des Kornes. Wenn das Korn nicht völlig zerplatzt, kann zumindest die Oberfläche des Kornes Krater und Bla-

sen aufweisen (Lupe!). Diese Pusteln auf der Oberfläche des erstarrten Silbers sind ein wichtiger Hinweis auf die Reinheit des Silbers.

In der Antike nannte man solches reines Silber „argentum pustulatum" und Nero, Kaiser von Rom, verlangte vom Steuerzahler diese Art Silber, er mochte wohl wissen, warum er die von ihm selbst herausgegebenen Silbermünzen nicht so sehr schätzte.

In diesem Versuch wurde praktisch alle gebildete Bleiglätte von der Kupelle aufgesogen, nur ein verschwindender Bruchteil wurde verdampft. Ohne die Anwendung des saugfähigen Materials hätten wir große Mengen geschmolzener Bleiglätte erhalten.

In der frühen Zeit und bis in die neuere Geschichte hinein hat man die Kupellation meistens als gemischtes Verfahren betrieben, d. h. man hat einen Teil des Bleis als flüssige Bleiglätte aus dem Ofen abgezogen und erst im letzten Schritt, beim „Feintreiben" saugfähige Kupellen eingesetzt.

So findet man an vielen Plätzen der antiken Welt heute noch Bleiglätte in ganzen Haufen herumliegen. Erst viel später hat man offenbar die Möglichkeit entdeckt, aus der entsilberten Bleiglätte wieder Blei herzustellen.

Silber war ein kostbares Metall. Sein Wert in Bezug auf andere Metalle und Wirtschaftsgüter ist in den verschiedenen Gegenden der Alten Welt unterschiedlich. So erscheint Silber schon in der frühen Bronzezeit auf den Cycladen und auf dem griechischen Festland in Grabbeigaben weit häufiger als Gold. In der minoischen Zeit auf Kreta erscheint Gold häufiger als Silber, und aus den Amarna-Briefen (s. beim Gold) folgt, daß noch im Neuen Reich der Ägypter das Silber für die Ägypter ein sehr geschätzter Import-Artikel war, während man gleichzeitig einen umfangreichen Goldexport betrieb.

Aus mesopotamischen Texten sind uns einige relative Wertangaben erhalten (Levey). So war das Mengenverhältnis für gleichen Wert in Ur III für Silber zu Kupfer wie 1 : 112 bis 1 : 140. In der ersten Dynastie Babylons kaufte ein Shekel Silber zwölf Minen Wolle oder 5000 Liter Speiseöl. Zur Zeit Hammurabis (1750 v. Chr.) handelte man Au/Ag wie 1 : 6. Fe(!)/Ag wie 1 : 8 und Ag/Cu wie 1 : 140. Zur Hyksos-Zeit war in Ägypten Silber doppelt so teuer wie Gold, erst im Neuen Reich ändert sich dieses Verhältnis zugunsten des Goldes.

Levey zieht aus den vorhandenen alten Texten den Schluß, daß Silber auch in Mesopotamien ein Importartikel war, dessen Herstellung und Raffination zu dieser Zeit schon so alt war, daß sich die technischen Angaben bereits ins Mystische verloren. Deutlich bleibt aber, daß auch im alten Mesopotamien die Raffination des Silbers in einem zweistufigen Prozeß durchgeführt wurde. Zunächst ließ man bei relativ niedriger Temperatur einen Teil des Bleis in geschmolzene Bleiglätte übergehen, darauf scheint ein zweiter Prozeß bei höheren Temperaturen mit saugfähigen Kupellen angewendet worden zu sein.

Eine besondere Stellung hatte im babylonischen Kulturkreis das Münzsilber. Es war eine minderwertige Silberlegierung mit den verschiedensten Metallen, und wurde durch einen besonderen Stempel „GIN" als solche gekennzeichnet. Ihre Verwendung für Geräte und Schmuck war verboten.

H. Schliemanns erster großer Fund, der „Schatz des Priamus" in Troja II (ca. 2000 v. Chr.) enthielt Vasen, einen Dolch und Barren aus Silber. In Mohenjo Daro, der berühmten alten Indus-Kultur, war Silber bereits in der mittleren Periode (2300 v. Chr.) häufiger als Gold. Hier – wir übrigens auch in manchen Einzelfunden der östlichen Mittelmeer-Region – enthielt Silber einen Anteil von Kupfer zwischen 3 und 6%. Dieser Kupfergehalt ist schon als Fälschungsversuch gedeutet worden, dies ist aber zu so früher Zeit nicht sehr wahrscheinlich. Vielmehr könnte man, da Kupfer neben dem für die Kupellation charakteristischen Blei vorkommt, den Schluß ziehen, daß dieses Silber aus Cerrusit erschmolzen wurde. Dieses Mineral ist nämlich in den der Indus-Kultur zugänglichen Erzlagern häufig stark mit Kupfer verunreinigt (Gmelin).

Die Hethiter gewannen im Halysbogen offenbar größere Mengen Silber, von denen viel außer Landes gehandelt worden sein soll. In Deutschland scheinen die Bergbaue am Rammelsberg bei Goslar, die seit dem Mittelalter (Otto der Große 986 n. Chr.), bis auf den heutigen Tag betrieben werden, schon in der Bronzezeit auch auf Silber abgebaut worden zu sein. (Ausgrabungen bei Wolfshagen durch Nowothing 1968). Die frühe Silbergewinnung in Mitteleuropa war von hoher Kunstfertigkeit in der Verarbeitung des Metalles begleitet, obwohl nur weniges erhalten geblieben ist. Ein bedeutsames Stück ist ein bei Gaubickelsheim gefundener Bronzedolch, der der älteren Bronzezeit zugeordnet wird und der mit Silber tauschiert ist. Unter „tauschieren" versteht man die Kunst, ein Ornament in ein Grundmetall mit einem Stichel so einzugraben, daß eine sich nach unten erweiternde Nut entsteht, in die dann das Edelmetall eingeschlagen wird. Die Oberfläche kann man nach dem Hämmern durch Schleifen wieder glätten. Das früheste vorderasiatische Beispiel dieses Verfahrens findet sich wieder in einer Schale aus Ur, zeitlich also gar nicht so sehr weit vor dem Dolch aus Gaubickelsheim. Das Tauschieren ist in Europa während der Hallstatt-Zeit und besonders der römischen Kaiserzeit viel geübt worden. Die Technik ist dann in Vergessenheit geraten und erst über Arabien und Spanien wieder nach Europa gekommen.

Plattieren, das flächenhafte Verschweißen von einem Unedelmetall (häufig Eisen) mit Silber unter Anwendung von Hitze und Hammerschlägen, geht in Mitteleuropa auch schon auf die Hallstatt-Zeit zurück.

Als begehrtes Edelmetall wurde Silber schon in früher Zeit gehortet. Bevorzugt war dabei nicht der Barren, sondern, wie schon in Troja, die schön verarbeitete Form. Ein Beispiel aus unserem Raum ist der Schatz von Hildesheim, der aus früh-augustäischer Römerzeit stammt und Beispiele von hervorragender Treibarbeit enthält. Diese Form der Hortung hat sich bis in die Neuzeit gehalten, man denke an den Silberschatz der Hansestadt Lüneburg und an den Brauch unserer Großmütter, reiches Tafelbesteck aus Silber zu sammeln.

Interessant sind hierzu einige Zahlen: Die gesamte Weltproduktion an Silber, vom Anfang bis auf den heutigen Tag, wird auf über 800 000 t geschätzt. Davon befinden sich etwa ein Drittel als Münzgeld und Währungsreserven im Geldbereich, etwa ein Drittel gilt als verschwunden oder vergeudet. Das letzte Drittel befindet sich erstaunlicherweise in privaten Schatzhorten, überwiegend in Asien. Für Indien nimmt man an, daß etwa 140 000 t (!) privat gehortet sind, und für China etwa 78 000 Tonnen. Zum Vergleich: der US-Staatsschatz an Silber betrug 1966 rund 90 000 t (Gmelin).

2 Die Kupellation

Häufiges Um- und Verarbeiten eines wertvollen Metalles führt ebenso wie Legieren aus technischen oder betrügerischen Motiven zu einer ständigen Verschlechterung von vorhandenen Legierungen. Von Zeit zu Zeit taucht daher für jeden Silberverarbeiter die Notwendigkeit auf, bereits als Fertigmaterial vorgegebenes, aber unreines Silber zu reinigen.

Die Reinigung „schlechten" Silbers war schon den Babyloniern bekannt. Unedle Legierungsmetalle wie Kupfer werden beim oxidierenden Schmelzen genau wie Blei in ihre Oxide überführt. Diese Oxide haben aber meist einen sehr hohen Schmelzpunkt. Das rote Kupferoxid Cu_2O schmilzt bei $1235\,°C$, das schwarze CuO erst bei $1326\,°C$, beide Schmelzpunkte liegen also erheblich über dem des Silbers ($962\,°C$). Schmilzt man verunreinigtes Silber lange in einer oxidierenden Flamme, so bilden die Verunreinigungen eine meist schwarze, nicht flüssige Schlacke auf der Oberfläche des geschmolzenen Silbers. Diese Schlacke kann man von der Schmelze abheben, muß aber damit rechnen, daß ein erheblicher Anteil in der Schmelze verbleibt. Eine Reinigung durch einfaches Ausschmelzen ist also ein unsicherer und langwieriger Prozeß. Wesentlich verbessern kann man das Reinigungsverfahren, wenn man dem unreinen Silber zunächst ein Vielfaches seines Gewichtes an Blei zulegiert. Das Blei löst viele der Verunreinigungen auf, allerdings nicht alle Metalle gleich gut, daher sind manchmal große Überschüsse an Blei erforderlich. Kupelliert man nun das Blei, oxidieren die Verunreinigungen und werden von der Bleiglätte entweder gelöst oder in fein verteilter Form mitgeführt. Dieser Reinigungsprozeß durch Bleizugabe mit anschließender Kupellation scheint babylonischen Ursprungs zu sein, wenn dies auch unter Umständen nur dadurch vorgetäuscht wird, daß die Babylonier schreiben, und damit überliefern konnten.

Vielleicht haben die Juden diesen Prozeß in der babylonischen Gefangenschaft kennengelernt, vielleicht auch von ihren phönizischen Nachbarn. Wir besitzen jedenfalls ein schriftliches Zeugnis dieses Prozesses in der Bibel.

Beim Propheten Jeremias (6, 27–30) finden wir im recht erschütternden Zusammenhang als Gleichnis für die Rolle des Propheten als „Prüfer" des Volkes Israel:

29 *„Der Blasebalg schnaubte, das Blei wurde flüssig vom Feuer; aber das Schmelzen war umsonst, denn die Bösen sind nicht ausgeschieden.*

30 *Darum heißen sie „verworfenes Silber ..."*

Jeremia kannte also nicht nur den metallurgischen Prozeß, unedle Metalle („„Erz und Eisen") von Edelmetall durch Bleizugabe im Ofen zu trennen, er nahm auch (um 600 v. Chr.) an, dieser Prozeß sei so allgemein bekannt, daß das Gleichnis überall verstanden werden könne.

Die enge Verbindung der Silber-Metallurgie mit dem Blei wird uns an späterer Stelle noch einmal beschäftigen: Silber kommt nämlich nicht nur in Blei-Erzen, sondern auch in Kupfer-Erzen vor. Diese Erze erfordern eine andere Technik zur Gewinnung des Silbers, die erst für die Renaissance genau belegt ist, man „wäscht" das Silber mit Blei aus dem Kupfer aus und gewinnt es durch „Saigern" mit anschließender Kupellation.

Bis auf den heutigen Tag werden Silber und Gold durch Kupellation gereinigt, das Verfahren wird bei einer Besprechung der Gold-Metallurgie in einem Versuch vorgestellt. Zunächst wenden wir uns aber wieder dem Blei als solchem zu.

3 Isotopen-Analyse

Eine systematische Verwendung des nicht sehr ansehnlichen und weichen Bleies läßt sich für das 3. Jahrtausend v. Chr. nachweisen. So gibt es in der frühbronzezeitlichen Cycladen-Kultur (Early Cycladic I und II) bereits Bleifunde in Form von Nieten und Klammern für die Reparatur zerbrochener Töpferware. Berühmt sind die bleiernen Bootsmodelle von der Insel Naxos, die auf ca. 2800 v. Chr. datiert werden und die auch für die Geschichte der Schiff-fahrt von Bedeutung sind. Die Form dieser Boote mit hochgezogenem spitzen Bug und ebenfalls hochgezogenem Heck ähnelt den noch heute in der Südsee bekannten langgestreckten schmalen Fahrzeugen, mit denen die Polynesier riesige Entfernungen über den offenen Pazifik zurücklegen können. Die Blei-Boote von Naxos zeigen, Ähnlichkeit mit großen Booten der damaligen Zeit einmal unterstellt, daß die Völker der Cycladen mindestens zu Beginn des 3. Jahrtausend v. Chr. die technischen Mittel für den Verkehr zwischen den Inseln und auch mit dem Festland besaßen. Dieser Verkehr hat in der Geschichte des Bleis und des Silbers unzweifelhaft eine große Rolle gespielt.

Erst vor rund 20 Jahren hat man eine für die Archäologie sehr wichtige Eigenschaft des Bleis entdeckt: Blei ist das bisher einzige Metall, welches sich dem Erzkörper seiner Herkunft eindeutig zuordnen läßt. Bei Kupfer hat man mit zahllosen Versuchen die Herkunft eines gefundenen Artefakts aus einem bestimmten Erzlager mit Hilfe der Spurenanalyse (Nickel, Silber, Arsen und andere) nachzuweisen, wenig Erfolg gehabt. Der Gehalt des fertigen Metalls an solchen Spurenelementen wird durch den Herstellungsprozeß und die dabei gebrauchten Zuschläge zu stark verändert.

Blei jedoch besteht aus einer Anzahl verschiedener Blei-Isotope, nämlich aus dem Isotop 204 (ca. 1,5% Anteil im natürlichen Blei), welches dem im „Urknall" entstandenen Ur-Blei entspricht sowie den Isotopen 206[1], 201[2] und 208[3], die die Endglieder verschiedener radioaktiver Zerfallsreihen darstellen. Die Isotopen-Zusammensetzung eines bestimmten Bleies spiegelt die geologische Geschichte des Erzkörpers, insbesondere die Durchdringung mit Uran- und Thorium-Verbindungen und die seit der Durchdringung mit radioaktivem Material bis zur Gewinnung des Bleies verstrichene Zeit wieder. Ein uran-reicherer Bleigang hat einen höheren Anteil an „Radio-Blei" als ein weniger uran-haltiger Bleigang, ein älterer Gang hat einen höheren Gehalt an Radio-Blei als ein jüngerer Gang des gleichen Uran-Gehalts. Da diese Isotope chemisch gesehen alle nur „Blei" sind, ändert sich die Zusammensetzung der Blei-Isotope während der Schmelze und der weiteren Verarbeitung nicht. Die Isotopen-Zusammensetzung des Bleies liefert also gleichsam einen „Daumenabdruck" der zu sicheren Identifizierung des Erzkörpers dienen kann.

Die Messung der Isotopen-Konzentration erfolgt mit einem Massenspektrometer und kann in spezialisierten Laboratorien mit hoher Präzision durchgeführt werden. Die Verfahren sind soweit entwickelt, daß das Verhältnis der Konzentration je zweier der genannten Isotope auf besser als 2 Dezimalstellen angegeben werden kann. Die Unsicherheiten der dritten Dezimalen sind im allgemeinen gering. Der Vorteil der Methode ist, daß für eine Bestimmung einige Mikrogramme Blei genügen. Trotzdem versucht man natürlich, Proben in der Größenordnung Milligramm zu erhalten. Solche kleine Proben können praktisch allen interessierenden Gegenständen entnommen werden, ohne diese sichtbar zu beschädigen. Seit das Verfahren in den frühen 60er Jahren durch Brill u. a. in die Archäome-

---

[1] (aus Uran-238)   [2] (aus Uran-235)   [3] (aus Thorium-232)

trie eingeführt wurde, hat man eine große Anzahl von Blei-Artefakten aus den verschiedensten Zeitepochen und den verschiedensten archäologischen Zusammenhängen untersucht. Im letzten Jahrzehnt

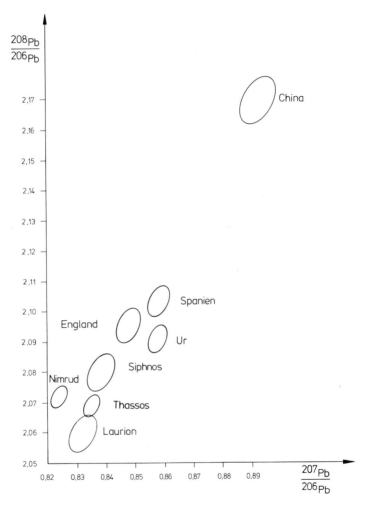

Abb. 25. Beispiele für Isotopen-Verhältnisse in Blei verschiedener Herkunftsorte

ist in einer beispielhaften internationalen Zusammenarbeit zwischen einer Heidelberger Gruppe um Gentner und einer Oxforder Arbeitsgruppe um Gale der ägäische Raum eingehend bearbeitet worden. Die Ergebnisse dieser Untersuchung, die auch von einer intensiven Erforschung von Erzlagerstätten und alten Bergbauen begleitet war, haben ein neues Licht auf die Geschichte der Metallurgie, der frühen Industrie und der Handelswege geworfen.

Die Isotopen-Zusammensetzung von Blei aus dem ägäischen Raum läßt sich von der Zusammensetzung von Blei aus dem italienischen, aus dem iberischen und dem englischen Raum mit Sicherheit unterscheiden. Die wenigen, bisher untersuchten Funde aus ostasiatischen Kulturen unterscheiden sich in der Isotopen-Zusammensetzung extrem von europäischem Blei, was wohl auf das präkambrische Alter der chinesischen Blei-Vorkommen zurückgeht.

Freilich gibt es auch Überlappungen in der Isotopen-Zusammensetzung, die das Bild stören. So ist z. B. ein bleierner Topfdeckel aus Ur bekannt, dessen Isotopen-Zusammensetzung sich mit Funden aus der britannischen Provinz der Römerzeit nahezu deckt und aus Saudi-Arabien gibt es frühgeschichtliche Bleifunde, deren Isotopen-Zusammensetzung in die Gruppe der spanischen Bleie fällt. Glücklicherweise kann man in diesen Fällen aber den Silbergehalt des Bleies zur Unterscheidung heranziehen. Die Stücke aus Ur und Saudi-Arabien enthalten 0,5–1 Prozent Silber, können also bereits als reiches Silbererz gelten, während die englischen Bleivorkommen und somit auch die britannisch-römischen Funde durch einen besonders niedrigen Silber-Gehalt ausgezeichnet sind.

Es bleibt zu erwähnen, daß die Methode der Isotopen-Analyse, besonders wegen des geringen Probebedarfs, nicht nur auf „bleierne" Gegenstände angewendet werden kann, sondern auch auf Legierungen des Bleis (z. B. römische Bronzen) und in besonders interessanter Weise auf die Bleiverunreinigungen in Silber-Gegenständen, ja selbst auf antike Gläser und Glasuren.

Wegen der schon weit gediehenen Erforschung des ägäischen Raumes und weil die gewonnenen Informationen in diesem Raum in besonders frühe Zeiten zurückreichen, wollen wir die Geschichte des Bleies in der Ägäis genauer betrachten.

Blei ist in der Ägäis bereits seit der frühesten Bronzezeit gewonnen und verarbeitet worden. Auf den dicht vor der griechischen Küste liegenden Inseln Makronisi und Kea sind Bleigegenstände noch aus neolithischem Fundzusammenhang geborgen worden. Dieses frühe Blei stammt seiner Isotopen-Zusammensetzung nach aus den Gruben von Laurion, der berühmten Bergbauprovinz östlich von Athen. Die bereits erwähnten Bootsmodelle aus Naxos, die auf ca. 2800 v. Chr. datiert werden, sind aus einem Blei gefertigt worden, welches nur von der Insel Siphnos stammen kann.

Kunstgeschichtlich ragen aus dieser Zeit die bekannten cycladischen Marmorfiguren, Frauen mit vor dem Leib verschränkten Armen hervor, die auch als Besatzung der Naxos-Boote vorhanden waren. Wir haben also bereits in der frühesten Bronzezeit zwei verschiedene und durch die Isotopen-Analyse auch identifizierbare Bleigruben in der Ägäis in Betrieb. Gale kommt zu der Ansicht, daß die Laurion-Gruben mit Sicherheit mindestens ab 2900 v. Chr. betrieben wurden. In den uralten Bergbauen von Siphnos hat man Scherben mit Mattenmustern und eingeschnittenen Fischgrät-Ornamenten in einer Mauer aus Abraum gefunden, die charakteristisch für das Neolithikum und die frühe Bronzezeit dieser Gegend sind. Die in den unteren Schichten dieser Grubenmauer gefundenen Keramik-Reste stammen nach der Thermolumineszenzmethode aus der Zeit um 2780 ± 400 v. Chr., eben dort gefundene Kohle-Reste ergaben (^{14}C korrigiert) 2970 ± 180 v. Chr. Der Scherbenfund, Thermolumineszenzalter und Kohlenstoffalter beweisen, daß an dieser Stelle schon um 3000 v. Chr. Bergbau betrieben wurde.

An der Oberfläche wurde in Siphnos neben Keramik, Steinhämmern und Obsidian-Pfeilen auch Bleiglätte gefunden, also jenes Produkt, das bei der Silbergewinnung durch Kupellation in großen Mengen anfällt. Zu dieser Zeit hat sich offenbar die Rückgewinnung des Bleis aus der Bleiglätte nicht gelohnt oder sie war noch nicht bekannt. Die Aufarbeitung der Bleiglätte wieder zum Metall läßt sich mit einiger Sicherheit erst für die Mitte des ersten Jahrtausends für den Bezirk von Laurion annehmen, da zu dieser Zeit Blei ein billiger Massenartikel war, den man auch in großen Mengen bei Tempelbauten (z. B. Akropolis) verwendete: Man vergoß z. B. die eisernen Klammern, mit denen die großen Steinblöcke gegenseitig verbunden wurden, mit Blei, um ihre Enden in den einzelnen Blöcken zu sichern.

Wegen der hohen Empfindlichkeit der Massenspektrometer, mit denen die Isotopenanalyse durchgeführt wird, ist man nicht auf Blei-Gegenstände beschränkt, sondern kann zum Beispiel auch aus kostbaren Silber-Gegenständen kleine Proben entnehmen, aus denen man zunächst den Bleigehalt chemisch entfernt. Diese winzigen Bleimengen sind Reste aus der Kupellation und gestatten daher auch den Erzstock zu bestimmen, aus dem das Silber gewonnen wurde. Mit Hilfe dieser Methode konnte die erstaunliche Tatsache festgestellt werden, daß das schon erwähnte prädynastische ägyptische Silber aus den Gruben von Laurion und Siphnos stammte.

Interessant ist die wirtschaftliche Entwicklung der Gruben aus Siphnos und Laurion im gegenseitigen Vergleich: Von 16, auf ihren Isotopen-Gehalt analysierten Gegenständen der ganz frühen cycladischen Bronzezeit, waren 6 aus Laurion-Metall gefertigt, 8 aus Metall von Siphnos und 2 aus einem Blei noch nicht identifizierter Herkunft.

Auf der Insel Thera (Santorin) bestand eine große und blühende Handelsstadt, Akrotiri. Diese Stadt wurde bei einem Vulkanausbruch mit Asche bedeckt und lieferte bei ihrer Ausgrabung eine große Zahl von Bleigegenständen, besonders Gewichte und Netzbeschwerer für die Fischerei, die ganz grob auf 1500 v. Chr. datiert werden. Von 24 untersuchten Bleigegenständen, Silber und Bleiglätte aus Akrotiri, stammt nur einer aus Siphnos, 23 dagegen aus Laurion. Auf Kreta stammen aus der Zeit vor dem Beginn der mykenischen Epoche (etwa 1400 v. Chr.) 80% aller Metallproben von Blei und Silber aus Laurion, 10% von Siphnos und 10% aus einer nicht identifizierten Quelle. Die berühmten, von Schliemann gefundenen Schachtgräber in Mykene (ca. 1500 v. Chr.) enthalten Laurion-Blei, und die Funde aus Ägypten der 10.–13. Dynastie (d. h. aus der Zeit von 2175–1300 v. Chr.) stammen – soweit Blei und Silber – aus Laurion-Erz. Laurion hat also ohne Zweifel den Produkten der Minen auf Siphnos schon in der Frühzeit den Rang abgelaufen, was vielleicht durch die sehr verschiedene Größe der beiden Abbaugebiete zu erklären ist.

4 Athen und Laurion

Zur Zeit des klassischen Griechenlands beruhte die Macht Athens nicht zuletzt auf dem Reichtum der laurischen Bleigruben und der hoch entwickelten Silbergewinnung aus diesem Blei.

Die *Bergwerke von Laurion* sind, während ihrer auf 3000 v. Chr. zurückgehenden Betriebsdauer, nicht immer von gleicher wirtschaftlicher Bedeutung gewesen. Zur Zeit Solons, der um 600 v. Chr. lebte, war Silber in Athen eher eine Seltenheit. Den großen Aufschwung nahm die Blei und Silbergewinnung im Bezirk von Laurion durch die Initiative des Themistokles, der 483 v. Chr. den Athenern den Bau einer großen Flotte und ihre Finanzierung durch die Silberminen des Laurion vorschlug. Dies ist der erste bekannte Fall der Aufteilung eines größeren Bergbau-Unternehmens in Kuxe (eine Art Aktie), d. h. der Privatisierung eines staatlichen Monopols zur besseren Ausbeutung von Bodenschätzen. Der Erfolg dieser Maßnahme war eindrucksvoll: Die griechische Flotte schlug 480 v. Chr. die gewaltige persische Armada bei Salamis vernichtend. Die Bergbaue dieser Zeit sind heute noch in großem Umfang erhalten und stellenweise auch dem Tourismus zugänglich (Museum in Laurion). Man kennt 2000 Schächte auf einem Gelände von rund 2000 Hektar. Die Schächte erreichen in der Nähe des Meeres eine Teufe von 20 bis 30 Metern, weiter im Inneren werden Teufen bis zu 150 Metern erreicht. Von diesen Schächten gehen horizontale Stollen von recht engem Querschnitt aus, die der Suche nach einem Erzkörper und später zur Förderung dienten. Diese Stollen, 60 mal 90 cm im Geviert und häufig 20 bis 50 Meter lang, sind sehr sauber ausgehauen. Die Ausführung dieser Arbeit stand erkennbar in engem Zusammenhang mit der damaligen allgemein sehr hochstehenden Steinmetzkunst, auch der griechische Name für die Grubenarbeiter entsprach etwa dem der Steinmetzen (Lauffer).

Hatte ein Stollen ein Erzlager erreicht, wurde das Erz im Weitungsbau gewonnen, wobei große Hohlräume ausgehauen wurden. Zahlreiche schriftliche Urkunden über den Grubenbetrieb sind bis auf uns gekommen: Gesetze, Pachturkunden und Gerichtsurteile. Die Zahl der Beschäftigten war zeitweise recht eindrucksvoll, sollen doch im peleponesischen Krieg nicht weniger als 20000 Bergwerkssklaven zu den Spartanern übergelaufen sein. Lauffer kommt in einer großen Studie zu dem Ergebnis, daß die Art der Sklavenhaltung wahrscheinlich nicht ganz so unmenschlich war, wie man gelegentlich angenommen hat. Es ist bekannt, daß für Bergbauspezialisten, die man als Sklaven von weither importierte, so außergewöhnlich hohe Preise gezahlt wurden, daß man mindestens für diese Gruppe von Sklaven mit Sicherheit eine gute Behandlung annehmen kann. Die Grubenarbeit geschah im Lichte speziell angefertigter Grubenlampen, die, abweichend von der sonst üblichen Größe, ein Fassungsvermögen für eine zehnstündige Brenndauer aufwiesen. In diesen zehn Stunden konnte, wie Experimente und die Untersuchung der Hau-Spuren ergeben haben, ein Vortrieb von 12 cm in dem 60×90 cm weiten Stollen erzielt werden. Die Belegschaft einer durchschnittlichen Grube bestand aus etwa 50 Mann, deren Arbeit sich auf das Aushauen des Vortriebs, auf die horizontale und auf die senkrechte Förderung verteilte. Feuersetzen war wohl bekannt, wurde aber nur wenig angewendet.

Das geförderte Erz wurde zunächst verlesen („geklaubt"), dann gemahlen und gewaschen. Mühlen und Mörser sind noch erhalten, aber besonders wichtig sind die in erheblichem Umfang erhaltenen Waschanlagen. Das Erzwaschen in der an sich ja wasserarmen Region erforderte eine besondere Technik, die den Wasser-Verbrauch so gering wie möglich hielt. Die eigentliche Wäsche erfolgte auf geneigten, gemauerten Tischen. Das Wasser wurde auf die Tische, bzw. in ein vorgeschaltetes Gefäß geschöpft. Auf dem Tisch wurde das Erz wegen seiner Schwere früher aus der Strömung abgesetzt als das taube Gestein. Letzteres floß mit dem Wasser in ein System von gemauerten Rinnen, die im Kreis herum wieder zu dem Becken führten, aus denen das Wasser auf den Tisch, oder, wie der Hüttenmann sagte, den „Herd" geschöpft worden war. Der ganze Kreislauf war so bemessen, daß das taube Gestein genügend Zeit zum Absetzen hatte. Wasserverluste wurden durch sorgfältige Mörtelung auf ein Minimum beschränkt. Diese Mörtelschichten enthalten häufig größere Zuschläge von Bleiglätte, es muß dahingestellt werden, ob die Glätte nur ein Füllstoff war oder ob sie zur Wasserdichtigkeit des Mörtels beigetragen hat. Die trotz dieser Maßnahmen unvermeidlichen Wasserverluste konnten aus Zisternen ausgeglichen werden, die manchmal so groß ausgelegt sind, daß mehr als der 20fache Tagesbedarf gespeichert wurde. Die gesamte Aufbereitung, Klauben, Mahlen, Waschen, geschah in Werkstätten, die jeweils eine Belegschaft von ca. 30 Menschen hatten.

Von der Verhüttungstechnik in Laurion ist nicht viel bekannt. Ende des vorigen Jahrhunderts sollen noch oberirdische Reste von Öfen zu sehen gewesen sein. Es wird gelegentlich behauptet, daß die Öfen sehr hoch gewesen seien und daß das Ausschmelzen des Erzes in ihrem oberen Teil erfolgt sei und die anschließende Kupellation im unteren Teil des gleichen Ofens im selben Durchgang erfolgt sei. Ein solches Verfahren scheint nicht sehr einleuchtend, ist aber auch nicht ganz auszuschließen. Die Treiböfen, falls solche getrennt existiert haben, und diese Annahme ist zumindest für die früheren Epochen zwingend, können sehr flache Herde gewesen sein, die der Zahn der Zeit längst hat verschwinden lassen.

Von den Phöniziern, die etwa um die gleiche Zeit in Spanien ihre Hütten betrieben haben, wissen wir, daß sie sehr hohe Öfen bauten, um die giftigen *Abgase* besser zu verteilen. Aus der Römerzeit sind Treiböfen bekannt, die als einfache trichterförmige Gruben in die Erde eingegraben waren. Öfen von solchem Typ könnten in Laurion bis heute der Entdeckung entgangen sein. Kleine, in den Schächten gefundene Kupellen lassen vermuten, daß die Erze vor der Verhüttung im Großen erst in einer Art Vorversuch „probiert" wurden.

Zu erwähnen ist noch, daß der Bergbau in Laurion keinen Nebenverdienst ausgelassen hat. Ocker, Zinnober und der „Hüttenrauch" waren verbreitete Handelsartikel jener Zeit, deren Güte besonders hochgeachtet war, wenn es sich um laurische Erzeugnisse handelte. Unter Hüttenrauch versteht man flüchtige Oxide, vorwiegend des Zinks und des Arsens, die sich über der Feuerzone des Ofens absetzen.

Vielleicht ist der Hüttenrauch des Arsens schon früh zur Herstellung von Arsenkupfer verwendet worden. Fest steht, daß hier das erste künstliche Gift die Bühne der Geschichte betritt und zur Blütezeit der laurischen Minen auch in der Pharmazie Verwendung fand.

Die Erfindung des Messings in Kleinasien setzte ebenso eine genaue Kenntnis des Hüttenrauchs voraus, wie die Oberflächenbehandlung des Bullen von Horoztepe. Von den griechischen Statuengießern einer etwas späteren Zeit ist bekannt, daß sie farbige Bronzen herstellten. Ein roter Farbton war für Mund und Lippen beliebt und ein hellerer, silbrig-weißer Ton für die Zähne. Solche „weißen" Bronzen waren Arsenbronzen mit hohem Arsengehalt, der aller Wahrscheinlichkeit durch Verwendung von Hüttenrauch erzeugt wurde.

Versuch 18: Hüttenrauch

Blei- wie auch Kupfererze kommen praktisch nie in reiner Form vor. Sie sind vielmehr in der Regel mit anderen Erzen durchwachsen. Das häufigste Begleitmaterial des Bleiglanzes ist die Zinkblende, aber auch Arsen, Tellur und Wismut können neben Silber vorkommen. Kupferkies ist in aller Regel mit arsen-haltigen Mineralien verunreinigt.

Zink, Arsen, Antimon, Wismut und Tellur rauchen bei der Verhüttung des Haupterzes leicht ab und schlagen sich an kälteren Stellen des Ofens oder im Schornstein nieder. Dieser „Hüttenrauch" spielt unter den Nebenprodukten der Metallgewinnung eine nicht unerhebliche Rolle. Zwei Sorten Hüttenrauch kann man sich leicht in einem Versuch ansehen: Zinkrauch und Arsenoxid. Ein kleiner Splitter Zinkblende wird in der flachen Höhlung einer Kohle mit der oxidierenden Flamme behandelt. Es bildet sich in der Blasrichtung etwas entfernt von der Probe ein deutlich erkennbarer Belag, der in der Hitze gelb aussieht und beim Abkühlen weiß wird. Es handelt sich um Zinkoxid. In der reduzierenden Flamme wird auf Kohle metallisches Zink freigesetzt, das wegen seiner Leichtflüchtigkeit in der Flamme mitgeführt und sofort wieder oxidiert wird. Richtet man die Flamme auf den Beschlag, bleibt dieser recht lange erhalten, man sagt, er ist schwer zu vertreiben. Die Färbung im heißen und kalten Zustand sowie die geringe Vertreiblichkeit sind charakteristisch für Zink.

Abb. 26. Beschläge auf Holzkohle als Beispiel für Hüttenrauch.

Der laurische Bleiglanz enthielt ziemlich viel Zinkblende, noch vor dem letzten Krieg wurden aus den antiken Schlacken-Halden viele tausend Tonnen Zink gewonnen, der laurische Hüttenrauch hat mit Sicherheit als Hauptbestandteil Zinkoxid enthalten.

Wiederholen wir jetzt den Versuch mit einem Splitter eines Fahlerzes. Wir erhalten wieder einen weißen Belag auf der Kohle, der sich leicht mit der Flamme vertreiben läßt. Es handelt sich um Arsentrioxid, eine sehr giftige Substanz.

Häufig hat man in einem Erz sowohl Zink als auch Arsen. Der Hüttenrauch solcher Erze kann wegen der leichten Vertreibbarkeit des Arsens durch einfaches Glühen gereinigt werden.

Die bei unserem Versuch erzielten Beläge auf der Kohle, zu denen der gelbe Belag des Bleies hinzutritt, haben in der alten „Lötrohr-Analyse" der Probierer als Nachweis der fraglichen Metalle genügt.

Da Erzvorkommen des gleichen Haupterzes an verschiedenen Orten verschieden starke Beimengungen von Arsen oder Zink enthalten können, und außerdem die Wirksamkeit der Öfen hinsichtlich des Vertreibens der leichtflüchtigen Anteile und auch hinsichtlich deren Niederschlagung verschieden war, darf es nicht wundern, daß je nach Anwendungszweck für bestimmte Arbeiten ein Hüttenrauch aus einer bestimmten Gegend vorgezogen wurde. Ein Beispiel hierfür sind die Rezepte im Leydener Papyrus und die Bevorzugung des Goslarer Hüttenrauches bei der Messing-Herstellung.

Im übrigen scheint sicher, daß sich das Hüttenverfahren in Laurion um die Mitte des ersten Jahrtausends noch in lebhafter technischer Entwicklung befunden haben muß, denn man hat gelegentlich ältere Schlacken aus einem offenbar unvollkommenen Prozeß nochmals aufgearbeitet, was nur dann einen Sinn ergibt, wenn man nun den Prozeß besser beherrschte.

Sicher ist auch die Rückgewinnung des Bleies aus der Bleiglätte durch erneutes reduzierendes Schmelzen. Durch die massenhafte Silber-Produktion wurde Blei ein billiger Massenwerkstoff, aus dem man auch Anker für Schiffe sowie Bleche herstellte, um den Rumpf der Schiffe unter der Wasserlinie zu verkleiden. Ein Bleibelag hindert nicht nur den die Fahrt hemmenden Bewuchs sondern schützt auch zuverlässig gegen die für Holzschiffe gerade in dieser Weltgegend recht gefährliche Bohrmuschel *Teredo navalis*.

Die Verwendung des Bleies im Schiffsbau wird durch manche der zahlreichen *antiken Wracks* belegt, die die Unterwasser-Archäologie immer häufiger untersucht. Eine Gruppe der University of Philadelphia hat bei Porticello an der „Stiefelspitze" der italienischen Halbinsel ein Wrack einses Schiffes untersucht, das um 400 v.Chr. gesunken ist. Es transportierte eine gemischte Ladung aus Wein, gesalzenem Fisch, großen Bronzeskulpturen und Bleibarren. Das Blei war nach der Isotopen-Analyse in Laurion gewonnen worden und wurde offenbar ins westliche Mittelmeer verschifft. Die Transportrichtung ist von Bedeutung, da in dieser Region und zu dieser Zeit die Phönizier mit ihrem spanischen Blei den Markt beherrscht haben sollten. Der Rumpf des Schiffes war mit Bleiplatten verkleidet und eine Reihe von Ankerstock-Bruchstücken waren ebenfalls aus Blei hergestellt (C. J. Eisenmann).

1969 fanden ägyptische Arbeiter bei Assiut (350 km südlich von Cairo) einen *Schatz von rund 900 griechischen Silbermünzen*. Dieser Schatz wurde etwa um 475 v.Chr. vergraben, man kann daher mit einiger Wahrscheinlichkeit annehmen, daß das Münzmetall noch „ursprünglich" ist, d h. daß es noch aus frisch gewonnenem Metall und nicht aus Silber besteht, welches durch Zusammenschmelzen von älterem Material vielfältiger Herkunft gewonnen wurde. Mehrmals aus Schrott wieder gewonnenes Material würde wegen der möglichen Vermischung von Metall aus verschiedenen Quellen eine Herkunftsbestimmung erschweren oder unmöglich machen.

Die Münzen des Schatzes waren allesamt durch einen oder mehrere Hiebe mit einem Beil oder Meißel schwer beschädigt, daher war ihr numismatischer Wert gering. Die bereits erwähnte Heidelberger Gruppe konnte mehr als einhundert solcher beschädigter Stücke zum Zwecke einer eingehenden Analyse erwerben. Andere wurden vom Ashmolean Museum in Oxford zur Verfügung gestellt. Die Münzen waren in weit entfernten Münzstätten geprägt worden. Die geographische Verteilung der Prägestätten erstreckt sich von Sizilien im Westen bis Chios, Samos und Zypern im Osten. Am häufigsten waren Münzen aus Athen und Aegina vorhanden. Aegina, knapp 10 Seemeilen vor Piräus gelegen und etwa so groß wie das heutige Stadtgebiet von Athen, lebte in traditioneller Feindschaft zu Athen. Die Bevölkerung des kleinen Staates war berühmt als Seefahrer und Händler, wobei die Seefahrt nicht immer den Grundsätzen ehrbarer Kauffartei entsprochen haben mag. Die Athener Münzen stammen nun, wie nicht anders zu erwarten, nach der Isotopen-Analyse des Bleies eindeutig aus laurischem Erz, wie auch sehr viele der Münzen von anderen Prägungsstätten. Offensichtlich aber waren die Ägineter vom laurischen Silbersegen ausgeschlossen und mußten sich ihr Münzmetall von weither zusammensuchen. Auf eigene Prägungen konnte man nicht mehr verzichten, da etwa seit der Mitte des sechsten Jahrhunderts v. Chr., Münzgeld in großer Menge hergestellt und verbreitet wurde. Zu einem kleinen Teil des Bedarfs konnte man sich in Aegina, vielleicht durch kunstvollen Zwischenhandel, auch mit laurischem Silber, versorgen. Die große Menge kam aber aus anderen Quellen. Siphnos-Metall wurde offenbar nicht verwendet, denn viele der älteren äginetischen Münzen zeichnen sich durch einen *Goldgehalt* aus, der nicht zum Erz dieser Insel paßt. 16 der untersuchten Münzen weisen einen Goldgehalt zwischen 0,2 und 1,6% auf, während gleichzeitig gerade unter den frühen Prägungen der Bleigehalt besonders klein ist (um 550 bis 525 v. Chr.). Außerdem ergibt die Analyse geringe Gehalte von Zinn, die eindeutig mit dem Goldgehalt korreliert sind. Also haben wir es bei vielen der äginetischen Münzen mit einem Metall zu tun, welches aus einem ganz anderen Erz, aus einem anderen Prozeß und aus einem anderen Land stammt. Es handelt sich bei diesem Silber aller Wahrscheinlichkeit um ein Metall, das bei der Trennung von Gold und Silber im sogenannten *Zementationsprozeß* gewonnen wurde. Auf diesen Prozeß werden wir beim Gold noch ausführlich zu sprechen kommen. Die Zementation wurde in Anatolien, nämlich in Sardis und vermutlich auch in Mazedonien geübt. Der Zinngehalt des Metalles weist darauf hin, daß das Silber aus „Elektron", einer natürlichen Silber-Gold-Legierung, die in Seifen vorkommt, gewonnen wurde. Die Metall-Analyse unserer Tage gestattet also einen Einblick in wirtschaftliche Beziehungen und Zwänge, und mancher politische Schachzug der damaligen Zeit mag durch solche Zwänge bedingt gewesen sein (Gentner).

V. Gold

1 Gewinnung des Goldes

Gold kommt (mit verschwindenden Ausnahmen) stets als gediegenes Metall vor. Klumpen von Hirsekorn- bis Kindskopfgröße sind
die aus Abenteuerfilmen bekannten „Nuggets". Die Masse des Goldes wird jedoch von kleineren Körnern und Flittern bis hinab zu
mikroskopischen Abmessungen geliefert. Die Metallteilchen sind
häufig in hartem und sehr hartem Gestein fein verteilt (Marmor,
Quarzit, Quarz). Aber auch harte Gesteine verwittern, und, da Gold
von Wasser und Luft nicht angegriffen wird, behält Gold seinen metallischen Charakter, seinen Glanz und seine Farbe auch nach der
Verwitterung des Muttergesteins.

Seifen

Quellen, Bäche und Flüsse führen mit dem Sand und Geröll der
Verwitterung die freigelegten Goldteilchen mit sich. Wegen der großen Schwere (spez. Gewicht 19) setzt sich das Gold sehr viel leichter
ab als Sand und andere Mineralien. Je nach der Größe der Teilchen
kann es im Laufe eines Gewässers vorkommen, daß die Strömungs-
geschwindigkeit des Wassers zwar noch Sand und kleines Geröll bewegt, daß aber Gold schon bevorzugt liegen bleibt. An solchen Stellen tritt dann eine Anreicherung des Goldes gegenüber den anderen
Verwitterungsprodukten auf. Solche angereicherte Sedimente heißen „Seifen". Sie bilden sich gern an scharfen Biegungen, hinter
Verengungen und kurzen Gefällstrecken eines Gewässerlaufes oder
vor Inseln. Aus ihnen wird das Gold durch „waschen" gewonnen.
Das „Waschen" geschieht seit den ältesten Zeiten auf nahezu die
gleiche Art und Weise. Es handelt sich stets darum, das Sediment
aus Sand und Gold nochmals in Wasser in Bewegung zu bringen

und dabei die Fließgeschwindigkeit so einzurichten, daß der leichtere Sand weiter fortbewegt wird als das schwerere Gold. Das Zurückbleiben des Goldes wird durch Hindernisse wie Rillen oder Löcher auf einem Brett, ein in der Strömung quergestelltes Holz, Tücher, Felle oder auch einfache Reisigbündel gefördert. Das Waschen kann im Bachlauf selbst geschehen oder auch auf einfachen Vorrichtungen, den sog. „Herden". Agricola hat dem Waschen im 8. Buch der *Re Metallica* breiten Raum und viele Abbildungen gewidmet. Wir können diese Bilder getrost benützen, um uns eine Vorstellung auch von der ältesten Form der Ausbeutung einer Seife zu machen, denn wir besitzen ägyptische Grabzeichnungen aus dem frühen 2. Jahrtausend v. Chr., die die gleichen Techniken, nur nicht so sinnfällig, zeigen.

Die Abbildung 27 aus Agricola zeigt das primitivste Waschen in einem Bach. Mit dem Kratzer *E* wird das Sediment, welches *C* abschlägt und ins Wasser wirft, immer wieder in Bewegung gebracht.

Abb. 27. Erzwäsche in einem Bach (nach Agricola)

Das gröbere Gold reichert sich unter der Kratze an, das feinere bleibt an den Hindernissen *D* liegen. Links erkennt man einen einfachen „Herd", *G,* in dem offenbar das bei *D* gewonnene erste Konzentrat nochmals verwaschen wird.

Um sehr feine Flitter zurückzubehalten, belegt man den Herd mit Tuch oder Fell, wie Abbildung 28 zeigt. Auf dem Vorherd A wird das Seifenmaterial mit Wasser vermengt und dann über die Länge des eigentlichen Herdes B in den Bottich gespült. Schwere Mineralien und Gold bleiben im Tuch oder Fell hängen und werden im Bottich F herausgewaschen. Diese Form des Herdes ist aus dem Altertum bekannt und wird noch heute von Hobby-Goldwäschern verwendet. In industrieller Bauweise hat man erst in jüngster Zeit durch Einschalten solcher altertümlicher Tuchherde vor die Cyanid-Laugerei der südafrikanischen Goldminen die Wirtschaftlichkeit des Betriebes nennenswert verbessern können.

Abb. 28. Tuchherd nach Agricola

Um ein möglichst reines Goldkonzentrat, den sogenannten „Schlich" zu erhalten, muß man meist mehrere Waschvorgänge hintereinanderschalten. Der letzte Schlich kann dann in einem Holzkohlenfeuer ohne große Schwierigkeiten aufgeschmolzen werden, wobei sich Reste von Sand leicht vom Metall trennen. Dagegen gehen im Schlich vorhandene und in der Seife nach dem gleichen Prozeß angereicherte andere Metalle bzw. Erze beim Schmelzen des Schliches in mehr oder weniger erheblichem Umfang in das Gold über. Die häufigste Verunreinigung der Seifen ist Zinnstein (Cassiterit). Dieser liefert stets einen gewissen Zinngehalt des Goldes, der nur durch eine besondere Raffination entfernt werden kann, die erst im zweiten Jahrtausend v. Chr. erfunden und dann längst nicht auf alles Gold angewendet wurde. Findet man also in altem Gold Zinn, schließt man mit Sicherheit auf Herkunft aus einer Seife. Fehlt dagegen Zinn in einem Goldfund, der zeitlich vor der Einführung der Raffination liegt, muß man entweder auf eine Herkunft aus nur großen Nuggets oder auf bergmännisch gewonnenes Gold schließen. Eine höchst seltene Verunreinigung des Seifengoldes ist eine natürliche Platin-Iridium-Legierung (65% Pt, 35% Ir), die Gold aus dem Pactolus (südlicher Nebenfluß des Hermos (türk.: Gedize)) in Kleinasien, nahe der alten Stadt Sardis ($38°28'$ N, $28°02'$ E) verunreinigt.

Diese in der alten Welt sonst unbekannte Verunreinigung gestattet Gold aus den Pactolus-Seifen wiederzuerkennen, wo immer es gefunden wird.

Die wichtigsten bekannten Goldseifen des Altertums fanden sich am Pactolus, um Astyra in der Ebene von Troja, in Flüssen und Quellen im südlichen Kaukasus (Trialeti), sowie in Nebenflüssen des Nils bis in den Sudan hinein.

Das berühmte „Rheingold" scheint, wenigstens nach den heutigen Kenntnissen, keine Rolle in der Frühgeschichte des Metalles gespielt zu haben. Es hat den Anschein, daß die Goldwäscherei am Oberrhein nur im 18. und 19. Jh. n. Chr. in geringem Umfang betrieben wurde, eine Kleinindustrie, von der einige wenige Prägungen erhalten sind (Kirchheimer).

Seifen, als sekundäre Lagerstätten einzuordnen, führen den Goldsucher gelegentlich auch flußaufwärts zu primären Lagerstätten, die dann bergmännisch abgebaut werden können.

Die Sumerer kannten Gold schon im 5. Jahrtausend v. Chr. Über die Herkunft dieses frühesten Goldes wissen wir nichts. Man kann sich aber leicht vorstellen, daß die Oberläufe von Euphrat und Tigris, im Entwässerungsgebiet des erzreichen Taurus-Gebirges, die eine oder andere Goldseife gebildet haben. Ein größerer Nugget mag irgendwann dort zum ersten Male die Aufmerksamkeit eines Menschen erregt haben.

In der Genesis (1. Buch Moses 2, 10–12) heißt es:

[10] *Und es ging aus von Eden ein Strom den Garten zu bewässern und teilte sich in vier Hauptarme.*

[11] *Der erste heißt Pischon, der fließt um das ganze Land Hewila, und dort findet man Gold;*

[12] *und das Gold des Landes ist kostbar, ...*

1. Mose 13,2 heißt es weiter:

[2] *Abraham aber war sehr reich an Vieh, Silber und Gold ...*

In Ur am unteren Euphrat, der Heimat Abrahams, fand Sir Woolley ab 1927 die berühmten „Königsgräber von Ur". Diese Gräber stammen aus der Zeit um 2600–2400 v. Chr. Schmuck aus Gold von großer Schönheit, goldene Ringe, goldene Blätter und Blumen, kunstvoll gearbeitete Gefäße, Drähte, Spiralen und Ohrringe kamen zum Vorschein.

Woher stammte das Gold dieser in der Bearbeitung des Goldes schon so weit fortgeschrittenen Zeit? Flitter aus Platin-Iridium, mit der Lupe sichtbar, und mit einer Laser-Mikrosonde analysiert, beantworten die Frage: Das Gold aus den Königsgräbern von Ur stammt aus dem Pactolus!

Am Pactolus wird heute kein Gold mehr gefunden, schon Strabo (geographica, 13.4.5 und 13.1.23) schreibt, daß das Vorkommen erschöpft sei. Trotzdem wissen wir, daß das Gold aus dem Pactolus Platin-Iridium enthielt: Der Lyderkönig Gyges (um 700 v. Chr.) war laut Herodot der erste König, der Münzen prägen ließ. Dies geschah im bereits erwähnten Sardis, und das Gold dieser Münzen ist authentisches Pactolus-Gold, es *enthält Platin-Iridium-Flitter* (häufig schon mit einer Lupe zu erkennen) der gleichen Zusammensetzung wie im Schmuck von Ur. Die Seifen am Pactolus sind also schon mindestens 2000 Jahre vor Gyges abgebaut worden (s. Farbtafel 5).

Um die gleiche Zeit wie die Sumerer am Euphrat hatten auch die Ägypter einen hohen Stand der Goldbearbeitung erreicht. Im Bostoner Museum of Fine Arts befindet sich ein ägyptischer Goldschatz, dessen genauer Fundort leider nicht bekannt ist. Er besteht aus 127 Schmuckstücken und einem goldenen Rollsiegel. Dieses Siegel trägt die eingravierten Namen zweier Könige der fünften Dynastie, Menkauhor und Zedkerê und ist damit etwa auf 2600 v. Chr. zu datieren (Breasteds Königsliste),

Das Siegel ist wahrscheinlich aus ägyptischem Bergbau-Gold gefertigt. Andere Schmuckstücke, die durch das Siegel datierbar sind, enthalten aber Flitter aus Platin-Iridium und sind damit eindeutig Pactolus-Gold. Vor 2500 v. Chr. gab es also schon einen Handel mit den verschiedenen Sorten des begehrten Metalles über Tausende von Kilometern, von Smyrna bis an den unteren Euphrat und an den Nil. Der ägyptische Handel mit Bauholz aus dem Libanon und die Schiffahrt nach Byblos sind noch älter.

Seifengold ist bis in unsere Tage stets mit einem die Phantasie anregenden Flair von Abenteuer umgeben. Eine „Goldsucher-Saga" aus dem frühen Griechentum ist noch heute fester Bestandteil unseres Kulturerbes, die Sage vom „Goldenen Vlies". Der Grieche Jason führte nach der Sage die Argonauten zu einem Raubzug nach Kolchis am Schwarzen Meer. Ziel der Expedition war die Erbeutung des „Goldenen Vlieses", Was war das Goldene Vlies? Das ganze Altertum war sich darüber einig, daß es sich bei Jasons Expedition um einen Vorgang handelte, den wir heute als „gewaltsame Industriespionage" bezeichnen würden. Ausgespäht werden sollte die Kunst, aus Quellen Goldflitter zu gewinnen. Die Völker am Schwarzen Meer legten dem Anschein nach schon damals Schafsfelle in den Wasserlauf von Bächen und Quellen, die nach Art des schon be-

Abb. 29. Die Argonauten finden das Goldene Vlies (nach Agricola)

schriebenen Tuch-Herdes Goldflitter zurückhalten, was auch Herodot beschreibt.

Agricola, der große Meister der Bergbau- und Hüttentechnik der Renaissance, stellt sich die Entdeckung des Goldenen Vlieses nach den Klassikern wie in der Abbildung 29 vor. Man achte besonders auf Jasons zeigenden Finger bei B.

Russische Archäologen haben seit den dreißiger Jahren eine an Gold und Silber reiche Kultur am Rande des Schwarzen Meeres ausgegraben. Rund 70 km westlich von Tiflis bei Tsalka am Flusse Khram liegt der Ort Trialeti. Hier wurden Funde aus dem Chalkolithikum, aus früher, mittlerer und später Bronzezeit gemacht. Besonders die Funde der mittleren Bronzezeit (ca. 1750–1500 v. Chr.) zeichnen sich durch großen Goldreichtum und schöne Arbeit aus. Manche Figuren auf reichgeschmückten Gefäßen lassen hethitischen Einfluß vermuten. Der besondere Goldreichtum dieser Kultur der mittleren Bronzezeit läßt den englischen Achäologen Minns sagen, diese Kultur habe sich „etwa zur rechten Zeit, etwa am rechten Ort" befunden, um als Ziel der Argonautenfahrt in Frage zu kommen. – Das Gold aus dem viel näher zu Griechenland gelegenen Pactolus ist den Griechen erst im letzten Jahrtausend v. Chr. bekannt geworden.

Bergbau

Der wohl älteste Goldbergbau ist aus Ägypten bekannt. Aus der fünften Dynastie (um 2500 v. Chr.) ist das metalltechnisch hoch entwickelte Siegel aus dem Bostoner Schatz (Berggold) ein Beispiel, und die dritte Dynastie (um 3000 v. Chr.) erwähnt Bergbau auf Gold. Der Turiner Papyrus enthält eine Landkarte mit Eintragungen von Bergwerken und Aufbereitungsplätzen am heutigen Wadi Hammamat. Diese Landkarte stammt aus dem Ende des 12ten Jahrhunderts v. Chr. und dürfte eine der ältesten bekannten Landkarten überhaupt sein. Das Wadi Hammamat erstreckt sich nahezu in west-östlicher Richtung von Quena am Nil nach Quseir am Roten Meer (um 26° N). Es bildet etwa die nördliche Grenze des „koptischen Goldgebietes", das in den Gebirgen zwischen Nil und Rotem Meer etwa bis zu einer Linie Assuan–Berenice reicht. Südlich schließt sich das Goldgebiet von „Wawat" an, das etwa die Oberläufe des Wadi Allaqui und des Wadi Cabgaba, die beide in den östlichen Arm des Nasser-Stausees münden, umfaßt, Die dritte bedeutende Bergbauregion des Alten Ägyptens, das Goldgebiet von „Kush", erstreckt sich in den Bergen beiderseits des Nils etwa von Wadi Halfa, nahe dem südlichen Ende des Nasser-Stausees, nilaufwärts bis Dongola.

Die Art, in der die Ägypter ihren Goldbergbau betrieben, ist schaudererregend. Agatharchides, ein Reisender aus dem 2. Jh. v. Chr. hat folgenden Bericht gegeben, den Diodorus von Sizilien in seiner Bibliotheca Historica III, 1 weitergegeben hat:

An Ägyptens Grenzen nach Arabien und Äthiopien hin ist die Gegend der Goldgruben der Ägypter, aus welchen vieler Menschen Hände das Gold ausbringen. Den schwarzen Fels hat die Natur daselbst mit Adern von weißem Marmor durchsetzt, deren Glanz alles übertrifft. Aus diesen Adern gewinnen die Bergleute das Gold durch viele Arbeiter. Die ägyptischen Könige verwenden zu solcher Arbeit Verbrecher und Kriegsgefangene. Die Sträflinge werden teils nur für ihre Person, teils auch samt ihren Angehörigen verurteilt. Sie werden in zahlloser Menge dahingeschickt und müssen mit zusammengebundenen Füßen Tag und Nacht arbeiten. Damit sie nicht entfliehen, werden sie strenge bewacht und zwar von ausländischen Soldaten, die fremde Sprachen reden, so daß kein Einverständnis entstehen kann. Das goldhaltige Gestein wird da, wo es sehr hart ist, mit Feuer mürbe gebrannt, dann aber von tausend Menschen mit eisernen Werkzeugen ohne große Anstrengung losgemacht. Ein dabei gegenwärtiger Werkmeister beurteilt das Gestein und zeigt den Arbeitern die Adern. Die stärksten brechen mit spitzigen Eisen das glänzende Gestein und verfolgen so die Richtung der Adern. Weil diese krumm laufen, ist der Arbeiter im Dunkeln, und deshalb trägt er an der Stirn ein Grubenlicht. Ohne Unterlaß treibt ihn der Aufseher, auch wohl mit Schlägen, zur Arbeit an. Knaben schlagen die abgeworfenen Stücke kleiner und schaffen sie aus der Grube. Ältere Personen, Dreißiger, zerstampfen diese Steine in Mörsern mit eisernen Keulen bis zur Erbsengröße. Das Zerstampfte wird von Weibern und alten Männern in gewissen Mühlen, die da in langer Reihe angebracht sind, so fein wie Mehl gemahlen und arbeiten immer Zwei bis Drei an einer Mühle. Diese Unglücklichen gehen dabei nackt, mit kaum bedeckter Scham jämmerlich anzusehen. An Schonung und Nachsicht ist da nicht zu denken. Weder Krankheit noch Altersschwäche noch weibliches Unvermögen dient der Entschuldigung. Man peitscht sie, bis sie den Geist aufgeben und mit Sehnsucht erwarten sie den Tod.

Den gemahlenen Staub bearbeiten die Werkmeister weiter. Sie spülen ihn auf schräg liegenden Tafeln mit aufgegossenem Wasser ab, wobei das Erdige mit fortgeschwemmt wird, das schwere Gold aber liegen bleibt. Dieses Waschen wird mehrmals wiederholt. Anfänglich rühren sie den Schlich sanft mit den Händen um; nachher drücken sie ihn mit Schwämmen nieder und suchen das Taube abzutupfen, bis der Goldstaub rein zurückbleibt.

Ein Reliefbild aus dem Grabe von Baqt in Beni Hassan, datiert auf etwa 2000 v. Chr., zeigt einen mehrstufigen Waschprozeß in zwei

Bottichen (links im Bild) und einen Feinwaschprozeß auf einem geneigten Brett mit Querrillen oder -Stäben, weitgehend ähnlich den „Herden" die wir von Agricola kennen. Es zeigt auch, daß die von Agatharchides im 2. Jh. beschriebene Technik schon im Jahre 2000 v. Chr. angewendet wurde.

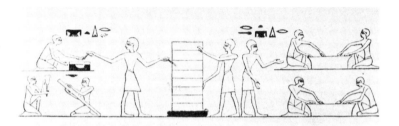

Abb. 30. Darstellung einer ägyptischen Goldwäscherei aus Baqt bei Beni Hassan, ca. 2000 v. Chr. (nach Notton, Gold Bulletin)

Der griechische und römische Bergbau, aus unserer Sicht späte Beispiele einer schon damals uralten Technologie, überlappen sich zeitlich mit dem ägyptischen Bergbau. Da in den letzten Jahrhunderten vor Christus auch starke Kontakte zwischen Ägypten, Griechenland und Rom bestanden, nimmt es nicht wunder, daß auch der Bergbau der europäischen Mittelmeervölker dem der Ägypter technisch und menschlich nicht unähnlich ist. Viele römische Bergwerke sind aus dem ganzen Imperium bekannt. Aber gerade der Goldbergbau hat wahrhaft ungeheuerliche Dimensionen erreicht.

Im Norden Portugals, im Bezirk Tras os Montes, wenige Kilometer östlich Pedras Salgadas (41.32 N, 7.35 W) liegt in mehr als 1000 m Höhe ein Gebiet, wo archaische Schiefer an ein altes Granitmassiv grenzen. Diese Grenzzone ist stark mineralisiert und von Quarzgängen durchzogen. Auf rund 50 km Länge kommen Erzgänge verschiedener Mächtigkeit bei steilem Einfall vor. Die Gänge enthalten arsenige und sulfidische Blei- und Zink-Erze sowie Pyrit mit teilweise recht hohen Gehalten an Gold und Silber. In diesem Bezirk liegen zahlreiche römische (auch phönizische) Gruben. Kilometerlange Schnitte von mehreren Metern Breite (nach unten auf 70 cm sich verengend) und 20 bis 25 m Tiefe bilden die „Minas dos Mauros". Sie ist im Gelände weithin wie ein Messerschnitt im Berghang zu erkennen.

Das größte Werk aber befindet sich ca. 5 km nördlich der Minas dos Mauros. Es sind zwei benachbarte Löcher, annähernd 300 × 150 m an der Oberfläche (ca. 10 Fußballfelder) und über 100 m tief. Die beiden Gruben sind rund 400 m voneinander getrennt, der trennende Fels ist von Stollen und Schnitten durchzogen. Der römischen Technik war es möglich, allein für die Entwässerung dieses tiefen Tagebaues einen 200 m langen Stollen von 5 m Höhe und 5 m Breite zu bauen.

Nach Harrisons Schätzung muß hier ein geschlossener Erzkörper von 20 Millionen Tonnen abgebaut und vollständig verarbeitet worden sein, denn abgebautes taubes Material ist kaum zu finden. Diese zwanzig Millionen Tonnen härtestes Gestein sind gebrochen, gefördert, zu feinem Pulver zermahlen, gewaschen, geröstet und geschmolzen worden!

Selbst wenn eine Arbeitskraft 80 kg Erz am Tage durch alle diese Stufen hätte verarbeiten können (was ohne Zweifel viel zu hoch gegriffen ist) hätte man 400 Jahre lang 2000 Sklaven 300 Tage pro Jahr arbeiten lassen müssen, um diese Gesteinsmenge zu verarbeiten. Dazu kamen etwa die gleiche Anzahl Landarbeiter für die Ernährung der Berg- und Hüttenleute, sowie eine unbekannte Anzahl technisches, Verwaltungs- und Wachpersonal. Mindestens 5000, vielleicht 10 000 Menschen müssen 400 Jahre gearbeitet haben, um allein diese beiden Tagebaue zu betreiben. Daneben existierte aber noch eine erhebliche Zahl kleinerer Werke.

Der Abbau war sehr gründlich, nur wenige Erzreste gestatten noch eine grobe Abschätzung der gewonnenen Mengen. Die von Harrison durchgeführten Analysen ergaben Goldgehalte von 15 bis etwa 100 g Gold pro Tonne Erz. 50 g/t als angenommener Durchschnitt ergibt einen Gehalt des abgebauten Erzes von 1000 t Feingold. Die Ausbeute der Verhüttung war schlecht, gefundene Schlacken sind noch recht reich an Gold und Silber. Dies wiederum läßt vermuten, daß ein großer Teil der Erze reicher war als die analysierten Proben. Man liegt vielleicht nicht weit von der Wahrheit entfernt, wenn man sich vorstellt, daß die Hüttenverluste durch einen gegenüber unserer Schätzung höheren Goldgehalt des Erzes etwa kompensiert wurden. Dann würde der beschriebene Tagebau zwischen 600 und 1200 t

Gold geliefert haben, entsprechend einer Jahresproduktion von 1,5 bis 3 Tonnen.

Neben diesem Großbergbau gab es auch den privaten Gold-Bergbau in kleinerem Maßstab, von dem wir aus einer anderen Goldprovinz interessante Details kennen.

Nach schweren Kämpfen wurde 106 n. Chr. unter Kaiser Trajan (98–117 n. Chr.) das Land im Karpatenbogen als „dakische Provinz" eingerichtet. In den Muntii Abuseni, etwa von Cluj (Klausenburg) bis Alba Julia (Karlsburg, Rumänien) befanden sich zahlreiche, schon zu Trajans Zeiten alte Goldbergwerke. Der ganze Distrikt der Goldbergwerke unterstand als „aurariae Dacicae" der kaiserlichen Verwaltung unter Leitung eines kaiserlichen Prokurators, Sitz dieser Verwaltung war Ampelum (Zlatna, 46°, 08′ N, 23°11′ O).

Die Goldbergwerke wurden teils von der kaiserlichen Verwaltung, teils von privaten Unternehmern betrieben. Für letztere war die Sklavenhaltung offenbar zu teuer, vielleicht bedurfte man in den kleineren Bergwerken auch in stärkerem Maße fachkundiger Männer, kurz, *der Berufsbergmann* als Lohnarbeiter tritt in Erscheinung. Diese Bergarbeiter verdingten sich auf Zeit an einen Unternehmer. Der Arbeitsvertrag wurde in Schriftform auf Wachstafeln festgehalten. Mehrere solcher Täfelchen sind erhalten geblieben und befinden sich in den Museen von Cluj und Budapest. Der Inhalt dieser Verträge gestattet einen interessanten Blick in das Arbeitsleben einer römischen Bergbau-Provinz.

Ch. Noeske hat vier erhaltene Arbeitsverträge gelesen, übersetzt und erläutert.

Aus dem Vertrag ergibt sich folgendes über die sozialen Verhältnisse im privaten römischen Bergbau. Ein freier Arbeiter (hier nicht römischer Bürger) verdingt sich für eine feste Zeit gegen einen festen Lohn, der zu bestimmten Zahltagen gezahlt wird. Bezüglich der Höhe des Lohnes kommt Noeske aus sehr plausiblen Überlegungen zu 7 Assen Tagelohn. Für 179 Tage sollen 70 Denare gezahlt werden, die in kleinen Raten natürlich in ganzen Münzen der damaligen Zeit erlegt werden mußten. 70 Denare = 280 Sesterzen = 1120 Asse ergeben einen Tagelohn von 7 ganzen Assen, wenn man von den 179 Verdingungstagen 19 arbeitsfreie (nicht entlohnte) Tage abzieht. Andere Arbeitsverträge der Zeit nennen 4½ oder 5 Asse Tagelohn, so daß die Zahl 7 schon als vergleichsweise gehobener Lohn erscheint.

„*Macrino et Celso co(n)s(ulibus) XIII*
kal(endas) Iunias
Flavius Secundinus scripsi roq(at)us a
Memmio Asclepi quia se lit[(t)eras
s]cire negavit it quod dixsit se lo-
cas(s)e [et] locavit
operas s[ua]s opere aurario Aurelio
Adiutori e[xh]ac die [i]n idu[s]
Novembres
proxsimas [X]s e ptaginta liberisque
X

[mer]c[ede]m per[t]empora accipe[re]
debebit qu[as]operas sanas v[ale]ntes
[ed] e[re]debebit conduct[ori s (upra) s
cripto)]

quod si invito condu[c-]tore decedere
aut c[e]ssare volue[rit dare]
[d]ebebit in dies singulos[H]S V num
(mos) a ere octu[s- (sis) c[ond]uct[or]i
[si laborem]
[fl]uor inpedierit pro rata c[o]nputare
de[bebit c]conduc[tor si t]empore pe-
racto mercedem sol[v]endi moram fe-
cer[it eadem poena]

tenebitur exceptis cessatis tribus
actum Immenoso maiori
Titus Beusantis
qui et Bradua
Socratio Socrationis
Memmius Asclepi(i)".

19. Mai 164 n.Chr.

Flavius Secundinus hat auf Wunsch
des Memmius, Sohn des Asclepius,
der Analphabet ist, das geschrieben,
was jener gesagt hat:
Er habe sich in der Tat dem Aure-
lius Adiutor zur Arbeit im Gold-
bergwerk verdungen, von diesem
Tage an bis zum 13. November (des
gleichen Jahres) für 70 Denare und
(seine) Kinder für 10 (Denare).
Den Lohn soll er zu (vorher festgelegten) Terminen erhalten.
Er verpflichtet sich, dem oben genannten Dienstherrn seine volle Arbeitskraft zur Verfügung zu stellen.
Falls er gegen den Willen des
Dienstherrn (von der Arbeit) zu-
rücktritt, oder diese niederlegt, soll
er für jeden einzelnen Tag 5 Sesterzen und 8 Ass (Strafe) zahlen.
Falls aber ein Wassereinbruch (die
ordnungsgemäße Arbeit) verhindert,
soll der Dienstherr (den Ausfall) an-
teilig rechnen. Wenn dieser den
Lohn zum (festgelegten) Termin
nicht zahlt, soll er nach einer Ver-
zugsfrist von drei Tagen dieselbe
Strafe zahlen.
Ausgefertigt in Immenosum maius.
Titus, Sohn des Beusas, auch Bradua genannt;
Socratio, Sohn des Socrates,
Memmius, Sohn des Asclepius".

Für diesen Lohn garantierte der Arbeitnehmer seine volle Arbeitskraft, im Krankheitsfalle mußte er Strafe zahlen und zwar für jeden
Ausfalltag 5 Sesterzen plus 8 Asse, das ist der Lohn für 4 Arbeitsta-
ge. Lohnabzug gab es für Feierschichten infolge höherer Gewalt.
Andererseits mußte der Arbeitgeber die gleiche Strafe wie oben für
jeden Tag Zahlungsverzug entrichten. Dieses für uns merkwürdige
System hat offensichtlich bis zur Aufgabe der Provinz im Jahre um
270 n.Chr. unter Kaiser Aurelian funktioniert. Was immer man über

diese Risikoverteilung denken mag, es scheint, daß der höhere Lohn Rücklagen für Ausfallzeiten und Risiken gestattete.

Früher Handel

Außer dem bereits erwähnten Handel mit Pactolus-Gold scheint sich der Fernhandel mit Gold schon in frühester Zeit über große Teile Europas erstreckt zu haben. Hartmann und Sangmeister haben durch Spektralanalysen von vielen Goldfunden aus Mittel- und Westeuropa eine Materialgruppe „Gold-B" erkennen können, die zeitlich dem Chalkolithikum und der frühen Bronzezeit zuzuordnen ist. Dieses Material enthält kein Zinn, stammt also mit hoher Sicherheit nicht aus Seifen, sondern aus dem Bergbau (Stücke aus großen Nuggets konnten erkannt und abgetrennt werden). Das bevorzugte Auftreten dieser europäischen ältesten Materialgruppe des Goldes an Küsten und großen Flüssen deutet, bei aller Vorsicht, auf eine Einfuhr des Materials hin. Als Lieferant kommt in erster Linie der ostmittelmeerische Raum, vielleicht Ägypten, in Frage.
Diese Goldsorte „stirbt" mit der frühen Bronzezeit aus und wird von Seifengold siebenbürgischer Herkunft ersetzt, also einer eigenständigen europäischen Produktion. Diese Produktion, die der ferne Vorläufer des Dakischen Goldes war, führt uns in das 2. Jahrtausend v. Chr.
Aus dem „Neuen Reich" der Ägypter besitzen wir viele Briefe und Handels- bzw. Geschenklisten, die einen deutlichen Einblick in die bewegte „Goldwirtschaft" dieser Zeit geben. W. Helck hat die Urkunden systematisch hinsichtlich der politischen, kulturellen und Handelsbeziehungen Ägyptens zu Vorderasien im dritten und zweiten Jahrtausend v. Chr. ausgewertet. Zum Thema Handelsprodukte, Stichwort Gold, finden wir die folgenden Tatsachen:
Gold wurde mit Sicherheit stärker aus Ägypten aus- als eingeführt. Die asiatischen Könige lebten in der Vorstellung, daß es in Ägypten Gold wie Staub gäbe, und das mag in diesen staubigen Ländern immerhin etwas bedeutet haben. Rohgold wird aber auch aus Nubien und der Ostwüste bei Koptos häufig nach Ägypten eingeführt.
Die Goldexporte („Geschenke") nach Vorderasien zeigen die Vielfalt des damaligen Lebens: Goldene Betten, vergoldete Sessel, Wagen mit vergoldeten Rädern und Deichseln gehen als Geschenke nach Syrien, Hattusa, Alasia (Zypern) und Babylon. Tribute und

Geschenke fließen zurück, wobei auffällt, daß Silber in Syrien häufiger und in Ägypten seltener war, weshalb die Ägypter in ihren „Geschenken" mehr Gold als Silber, die Syrer mehr Silber als Gold lieferten. Auch Beute wurde gemacht. Zum Beispiel 270 Sängerinnen „mit ihren Geräten der Herzenserfreuung aus Silber und Gold, zusammen 2214" (Amenophis II).

Wie immer, wenn der Handel lebhaft und die Werte hoch sind, gibt es Reklamationen. So beschwert sich Tusratta, König von Mitanni, bei Amenophis IV, weil dieser ihm anstelle der von Amenophis III versprochenen Statuen aus Gold Statuen aus vergoldetem Holz schickte. Vergoldete Holzfiguren enthielt auch das Grab Tutanchamuns.

Kadaschman-Ellil, König von Babylon, beklagt sich um 1370 v. Chr., bei Amenophis IV., daß die 30 Minen Gold, die er erhalten habe, verunreinigt gewesen seien „wie Silber" (Amarna-Briefe 3.15). Sein Nachfolger, Burnaburias, führte häufiger Klagen. Für uns besonders interessant ist die Stelle der Amarna-Briefe 10.19. Hier hat Burnaburias 20 Minen Gold erhalten, die offenbar auch wie Gold aussahen. Er beschwert sich, daß diese 20 Minen beim Ausschmelzen aber kaum 5 Minen vollwertiges Gold ergeben. Dies ist der erste deutliche Hinweis auf die Kenntnis eines metallurgischen Prüf- bzw. Raffinationsverfahrens – und, nicht zu übersehen – auch auf eine denkbare Kenntnis von Methoden zur Fälschung des begehrten Metalles.

2 Die frühe Technologie des Goldes

Schmelzen und Gießen

Reines Gold schmilzt bei 1063 °C. Das natürliche Rohgold enthält meist Verunreinigungen von Silber und Kupfer, die den Schmelzpunkt erniedrigen. Je nach dem Umfang der Verunreinigung kann der Schmelzpunkt der natürlichen Legierung auf 1000 °C oder noch darunter sinken. Diese Temperaturen sind mit einem mäßig angefachten Holzkohlenfeuer leicht zu erreichen, es genügt die Kraft der menschlichen Lunge. Mit einem einfachen Blasrohr hat man über Jahrtausende hinweg Schmelzöfen für Gold betrieben. Wieder liefert ein ägyptisches Grab die älteste bildliche Darstellung dieses Verfahrens. Die Abbildung 31 aus dem Grab des Mereruka (ca.

Abb. 31. Goldwerkstatt. Mit Blasrohren angefachter Schmelzofen. Aus dem Grab des Mere ruka, Theben, ca. 2300 v. Chr. (Gold Bulletin)

2300 v. Chr. Theben) zeigt 6 Männer, die in einen Schmelzofen blasen, dessen Tiegel einige Kilo Gold gefaßt haben mag.

Man kann getrost annehmen, daß diese Schmelztechnik zur Zeit des Mereruka schon weit mehr als ein Jahrtausend lang im ganzen Na-

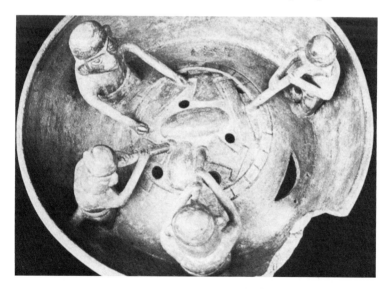

Abb. 32. Tonschale aus dem Nepena-Tal an der Nordküste von Peru. Die in der Schale dargestellte Szene zeigt drei Arbeiter mit Blasrohren, die einen Ofen, wahrscheinlich einen Schmelzofen, anheizen. Moche-Kultur, ca. 600 n. Chr. (nach C. Donon)

hen Osten geübt wurde. Faszinierend ist, daß wir die gleiche Technik um 600 n. Chr. bei den vorkolumbianischen Indianern und nochmals 1000 Jahre später bei den plündernden Spaniern wiederfinden.

Die Abbildung 32 zeigt eine keramische Schüssel mit 4 Arbeitern, die mit Blasrohren einen Ofen für metallurgische Arbeiten anfachen und gehört zur Moche-Kultur im nördlichen Peru um 600 n. Chr. Der Goldreichtum der amerikanischen Indianer-Kulturen war schließlich ihr Unglück und Untergang. Die Räuber zögerten nicht, sich auch die indianische Technik zunutze zu machen. In seiner Beschreibung „Neu Spanien", 1565 hat der Franziskaner Bernadino de Sagahun uns in einer hübschen Miniatur einen dort gebräuchlichen Goldschmelzofen überliefert. Selbst die Haltung des Bläsers ist die gleiche, wie auf dem fast 3000 Jahre älteren ägyptischen Bild. Ein technischer Fortschritt verdient aber Beachtung: Der Schmelztiegel hat nun eine Handhabe wie ein Pfannenstiel, der ägyptische Kollege mußte den Tiegel noch mit zwei Steinen halten.

Versuch 19: Goldschmelzen

Das in den vorstehenden Bildern dargestellte Verfahren läßt sich unschwer in einem Gartengrill nachvollziehen. Als Blasrohr eignet sich jedes „mundgerechte" Stück Rohr von ca. 50 cm Länge. Man verschließt das Rohr mit einem Tonpfropfen, in den man einen Draht von ca. 1 mm Dicke (auch Stricknadel oder passenden Grashalm) eingelegt hat und den man herauszieht. Ein Stückchen Gold legt man auf eine gut durchgebrannte Kohle und erhöht deren Temperatur durch Blasen in der Umgebung des Goldes bis dieses zu einem Korn aufschmilzt.

War das verwendete Gold mit Kupfer legiert (weniger als 18 Karat) wird das Korn schwarz von oxidiertem Kupfer. Reineres Gold bleibt auch bei sehr langem Schmelzen rein und goldfarbig.

Die Beständigkeit gegen Feuer ist ein besonders charakteristisches Merkmal des Goldes und wird vom Altertum (Plinius) durch die Jahrhunderte bis Leonardo da Vinci und Boyle immer wieder besonders hervorgehoben.

Die Wachs-Ausschmelztechnik wird auch beim Gold von frühester Zeit an geübt. Die Technik, soweit wir sie kennen, unterscheidet sich nicht von der schon bei der Bronze beschriebenen (vgl. Versuch 12). Wunderschöne Miniaturen sind aus den Königsgräbern von Ur, aus vielen ägyptischen Funden, nicht zuletzt aus dem Grab des Tutanchamun erhalten.

Einen interessanten Beitrag haben die vorkolumbianischen Indianer geliefert. Auch sie beherrschten den Goldguß mit verlorenem Wachsmodell, manches bizarre Stück ist erhalten geblieben. In den letzten Jahrhunderten vor der spanischen Eroberung hatte sich in den kolumbianischen Anden eine kunstvolle Massenproduktion entwickelt. Die Wachsmodelle wurden aus Wachsplatten hergestellt, die von einem Muttermodell aus Stein mit dem gewünschten Relief geprägt wurden. Mit den geprägten Wachsplatten wurde ein Kern aus Sand und Kohle überzogen. Kern und Wachs wurden in der bekannten Weise mit Ton umkleidet, gebrannt und ausgegossen. Die Kerne sind an manchen Stücken noch erhalten und ermöglichten wegen ihres Kohlegehaltes in einigen Fällen eine Altersbestimmung nach der Radiokohlenstoff-Methode.

Beim Bearbeiten der Wachsplatten blieben gelegentlich Fingerabdrücke auf dem Wachs. Da die Gießtechnik auch feinste Einzelheiten wiedergibt, kann man die Fingerabdrücke auf manchen Goldge-

Abb. 33. Goldener Anhänger aus Nord-Kolumbien mit deutlich zu erkennenden Fingerabdrücken (nach Hunt)

genständen erkennen. Dies führte zu dem lange gehegten Glauben an ein Geheimnis der Indianer, mittels dessen Anwendung Gold und Silber so erweicht werden konnten, daß man Figuren mit der Hand aus den Metallen hatte kneten können (Bray).

Wenn man will, kann man die Goldtechnologie der vorkolumbianischen Indianer von Mexiko bis nach Peru mit der in Ägypten und Mesopotamien um die Mitte des 3. Jahrtausends v. Chr. vergleichen. So faszinierend die Feststellung ist, daß das gleiche Metall und die gleiche Aufgabe auch zu den gleichen technischen Methoden führt, sollte man sich dabei doch vor Augen halten, daß die zeitliche Trennung rund 3000 Jahre beträgt.

Blech und Draht

Das Ausschlagen von Gold zu dünnem und dünnsten Blech muß schon im 4. Jahrtausend v. Chr. in Gebrauch gekommen sein. Die Technik ist einfach: Mit in der Hand gehaltenen Steinen wird das Gold auf einer großen Steinplatte ausgehämmert. Trotz der hohen Duktilität des Goldes ist die Herstellung großer gleichmäßig dicker Blechstücke sicher als beachtliche Kunst einzustufen. Neben der Schmuckherstellung wurde Goldblech schon im Anfang des dritten Jahrtausends in ständig wachsendem Umfang zum Vergolden von großen Holzgegenständen gebraucht. Wagen, Deichseln, Betten, Sessel und Statuen sind uns bekannt, die mit Goldblech überzogen waren. Die ältere Technik in Ägypten verwendete Blech mit einer Dicke in der Größenordnung $1/10$ mm, das mit kleinen goldenen Nägeln auf dem Holz befestigt wurde. War das Holz vor dem Blechüberzug mit Schnitzereien versehen, konnte man das Goldblech in das Schnitzwerk einschlagen und so alle Formen der Holzschnitzerei in Gold erscheinen lassen.

Mit der Entwicklung der Fertigkeit wurden die Bleche immer dünner und man überzog bei sehr dünnen Folien das Holz, wohl um die Maserung zu verdecken, vor dem Vergolden mit einer dünnen glatten Schicht Gips. Solche dünnen Folien konnte man auf die Unterlage aufkleben.

Im 2. Jahrtausend v. Chr. erreichte das Goldschlagen in Ägypten fast die Grenze des technisch Möglichen. Neferropet, „Meister der Verfertiger dünnen Goldes" ließ sich um 1300 v. Chr. einen Begräbnis-Papyrus mit vergoldeten Vignetten schreiben. Der Papyrus be-

118

findet sich im Britischen Museum in London. Die Untersuchung der Reste der Vergoldung ergab eine Dicke des Blattgoldes von nur $^{6}/_{1000}$ mm!

Die Herstellung von Draht scheint ein ähnliches Alter zu haben wie das Schlagen von Blech. Die heute allein geübte Technik, das Ziehen, scheint erst nach der Zeitenwende erfunden worden zu sein (Oddy). In allen älteren Kulturen wurde Draht „von Hand" gefertigt. Mehrere Verfahren sind bekannt. Am nächsten dürfte es schon immer gelegen haben, Stäbe immer feiner auszuhämmern, was sich gerade bei Gold bis zu Durchmessern von wenigen Zehntelmillimetern durchführen läßt. Die Oberfläche solcher Drähte ist immer von den Schlägen facettiert, der Draht wird daher noch zwischen harten Brettern (vielleicht auch Steinen) gerollt bis ein glattes zylindrisches Aussehen erreicht ist.

Eine zweite Methode geht von schmalen, sauber abgeschnittenen Blechstreifen aus, die entweder gleich durch Rollen gerundet werden oder denen man vor dem Rollen durch enges Verdrillen um die Längsachse schon eine runde Form gibt.

Abb. 34. Phasen der Herstellung von Gold-Draht nach Oddy. *1* Rohling vom quadratischen Querschnitt, *2* derselbe Rohling, leicht verdrillt, *3* nach starker Verdrillung, *4* der verdrillte Stab nach dem Rollen, *5* rundgehämmerter Draht (Gold Bulletin)

Mikroskopische Untersuchungen der Drahtoberflächen gestatten häufig noch heute die Feststellung der alten Technik.

Löten

Guß, Blech und Draht sind unentbehrliches Grundmaterial für den Goldschmied. Zur vollen Entfaltung der Kunst bedarf es aber noch einer oder mehrerer Techniken, um Einzelteile miteinander zu verbinden. Falzen, Bördeln und Nieten sind Verbindungstechniken, für die es Beispiele aus frühesten Zeiten gibt, sie mögen mehr oder weniger automatisch aus der Blechherstellung entstanden sein.

Eine besondere eigenständige Erfindung von großem Schwierigkeitsgrad ist jedoch das Löten. Das Wort „Löten" bedarf einer genaueren Bestimmung, da es oft in unklarer Weise verwendet wird. Es bedeutet das Zusammenfügen zweier Metallteile unter Zugabe eines flüssigen dritten Metalles mit niedrigerem Schmelzpunkt. Dieses dritte Metall, das „Lot", muß mit den zu verbindenden Metallen mindestens oberflächlich eine Legierung bilden können, damit eine feste, durchgehend metallische und dauerhafte Verbindung hergestellt werden kann.

Hat das Lot einen hohen Schmelzpunkt und hohe Festigkeit, spricht man von „Hartlöten". Mit Zinn und Blei, bzw. ihren Legierungen kann man Lötungen bei Temperaturen unter 300 °C herstellen, die man wegen ihrer geringen mechanischen Festigkeit als „Weichlötungen" bezeichnet.

Hartlöten stellt weit höhere Anforderungen an das Lötmaterial und an das Geschick des Handwerkers als das Weichlöten. Um so erstaunlicher ist es, daß das schwierige (und bessere) Hartlöten schon im vierten Jahrtausend erfunden wurde und über Jahrtausende hinweg die einzige Löttechnik geblieben ist.

Sumerische Handwerker führten schon um 3400 v. Chr. Hartlötungen mit Gold und Silber aus. Ein wahres Meisterwerk sumerischer Goldtechnik ist aus dem Grab der Königin Pu-abi (ca. 2400 v. Chr.) in der königlichen Nekropole von Ur erhalten. Es ist ein Schminkgefäß für grüne Augenschminke, von der noch ein Rest erhalten war.

Der obere, zylindrische Teil ist doppelwandig (!), der äußere Zylinder ist mit einem gebördelten Rand auf das innere Gefäß aufgelötet. Das Material ist das weit verbreitete „Elektron", eine natürlich vor-

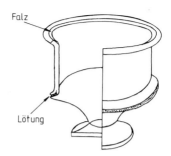

Falz

Lötung

Abb. 35. Schminkgefäß der Königin
Pu Abi aus Ur, ca. 2600 v.Chr.

kommende Legierung von etwa 75% Gold und 25% Silber. Das Lot
mußte als Folie oder Draht in die Verbindungsstelle eingelegt werden. Wenn die zu verlötenden Teile gut aufeinanderpassen, füllt das
Lot beim Schmelzen die Zwischenräume durch Kapillarkräfte aus,
ohne aus dem Werkstück herauszulaufen.

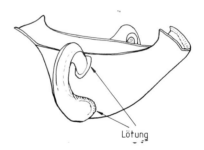

Abb. 36. Trinkgefäß aus dem
Schliemannschen Schatzfund
aus Troja, ca. 2200 v.Chr.

Lötung

Die Abbildung 36 zeigt ein doppelschnauziges Trinkgefäß aus dem
berühmten Schliemannschen Fund von Troja, dessen Henkel durch
Materialauftrag angelötet sind. Dieses Stück wurde vermutlich gegen 2200 v.Chr. gefertigt. Es befand sich in Berlin und ist leider in
den Wirren des Kriegsendes verloren gegangen.
Beim Hartlöten sind zwei Bedingungen zu erfüllen:
1. Das Lot muß einen niedrigeren Schmelzpunkt haben als die zu
lötenden Teile,
2. die zu vereinigenden Oberflächen müssen, wie auch das Lot, frei
von Oxid-Häuten sein.
Da Gold, Silber und Kupfer lückenlos mischbar sind, kann man aus
Material mit hohem Goldgehalt im Prinzip ohne weiteres Legierun-

121

gen herstellen, die niedriger schmelzen als das Grundmaterial. Es ist aber zweifelhaft, ob die frühen Goldschmiede ihr Metall schon gezielt legieren konnten. Vielmehr könnte die berufliche Erfahrung gelehrt haben, daß entweder nach Farbe oder Herkunft verschiedene Sorten von Gold auch verschieden leicht schmelzen. Der Spielraum für die Materialauswahl wird aus dem Phasendiagramm des ternären Systems AuAgCu deutlich:

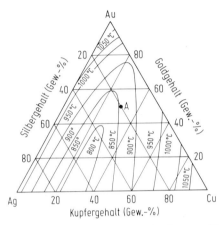

Abb. 37. Die Schmelzpunkte des Systems Kupfer-Silber-Gold

Anleitung zum Lesen des Diagramms:
In einem Dreistoff-System ist die Zusammensetzung durch die Angabe von zwei Prozentzahlen vollständig bestimmt. Gibt man z.B. 60% Au und 20% Cu an, muß der Silbergehalt 20%, nämlich die Ergänzung zu 100% betragen. Die Ecken des Dreiecks stellen jeweils die reinen Komponenten, also Gold, Silber und Kupfer dar. Der Gehalt an Kupfer wird durch Gerade bezeichnet, die der dem Kupferpunkt gegenüberliegenden Dreiecksseite parallel sind, abgelesen wird auf der Dreiecksseite, auf der „Gew.-% Kupfer" angeschrieben steht, Ebenso verfährt man mit den beiden anderen Komponenten. Zum Beispiel erhält man für den Punkt A: 30 Gew.-% Kupfer, 20% Silber und 50% Gold. Die Schmelztemperatur dieser Legierung liegt laut Diagramm zwischen 850 und 900 °C.

Der Schmelzpunkt des für den Schminkbecher verwendeten Elektrons mit 75% Gold und 25% Silber liegt (auf der linken Dreiecksseite) bei etwa 1040 °C. Das Material hat eine hellgelbe, etwas silbrige

122

Farbe. Eine Legierung mit 60% Silber sieht fast wie reines Silber aus und hätte als Lot einen Schmelzpunkt von 1000 °C. Abgesehen von dem geringen Unterschied der Schmelzpunkte kommt eine solche Legierung, selbst wenn sie natürlich vorkäme, aus Gründen der Farbe nicht in Betracht. Dagegen würde schon eine Beimengung von 5% Kupfer zum Elektron den gleichen Effekt der Schmelzpunkterniedrigung um 50 °C bringen, eine Beimischung von 10% Kupfer sogar eine Erniedrigung auf 950 °C. 5% Kupfer würde das Auge kaum erkennen, 10% würden dem Weißgold einen erkennbaren wärmeren Goldton verleihen. Diese Diskussion zeigt deutlich über welche gründliche Stoffkenntnis ein meisterlicher Goldschmied jener Zeit verfügte.

Nun zur Frage der Oxid-Häute. Reines Gold wird in der Flamme überhaupt nicht oxidiert. Kupfer-Gehalte über 5% führen dagegen in wachsendem Maße zur Bildung schwarzer Oxide an der Oberfläche, die bald ein Löten ohne besondere Schutzmaßnahmen unmöglich machen. Heute kann man im Vakuum oder unter einer Schutzgas-Atmosphäre löten oder man verwendet ein „Flußmittel". Dies ist eine Substanz, die wesentlich leichter schmilzt als das Lot, die die Lötstelle von Luft abschließt und die in der Lage ist, etwa doch gebildete Oxide aufzulösen oder wieder zum Metall zu reduzieren. Flußmittel sind erst Jahrtausende nach den Sumerern bekannt geworden. Es ist freilich denkbar, daß die Alten natürliches Borax oder Natron verwendeten, uns fehlt aber jeder Hinweis darauf. Eine mögliche Lösung des Rätsels zeigt eine genaue Beobachtung der Metalloberfläche beim nächsten Versuch.

Versuch 20: Bildung und Reduktion von Oxiden

Wir schmelzen eine kleine Probe Gold mit einer etwas größeren Perle Kupfer auf einem Stück Kohle zusammen. Die Legierung hat eine Zusammensetzung zwischen 50% und 80% (Gewichts-%) Gold. Beim Erkalten wird der gewonnene Regulus schwarz und unansehlich. Wenn die Goldfarbe erhalten bleibt, fügen wir noch weiteres Kupfer hinzu. Der schwärzliche Regulus wird zu einer kleinen Platte ausgeschlagen.

Mit sehr kleiner Flamme wird jetzt ohne zu schmelzen in verschiedenen Abständen der Flamme von der Probe erhitzt und dabei die Oberfläche genau beobachtet.

Man kann leicht sehen, daß die Oberfläche sich bei manchen Flam-
menstellungen (und heller Rotglut) mit Oxid bedeckt, bei anderen
Haltungen des Brenners dagegen vor allem im Innern des blauen Ke-
gels sich metallisch sauber reduziert.

Durch geschickte Flammenführung ist es also durchaus möglich,
auch ohne Flußmittel metallisch blanke Oberflächen in der Hitze zu
erzielen. Auf diesen blanken Stellen würde ein Lot glatt verlaufen.
Die so behandelten Stellen überziehen sich zwar beim Abkühlen
wieder mit Oxid, diese nachträgliche Oxidation ist jedoch auf die
Lötung nicht mehr von Einfluß. Wir haben durch geeignete Flammenführung in einer reduzierenden Schutzgas-Atmosphäre von
Kohlenmonoxid gearbeitet.
Arbeitsplatz und Ausrüstung waren, gemessen an der Schwierigkeit
der Aufgabe, sehr einfach. Dies verdeutlicht eine Darstellung aus
dem schon mehrfach erwähnten Grab des Rekmirê in Theben.
Ein schräg nach oben geschichteter Haufen glühender Holzkohlen,
eine Pinzette und ein kurzes, mit dem Munde gehaltenes Blasrohr
genügten selbst für schwierige Lötungen.

Granulation und Filigran

Das Hartlöten, gelegentlich unter recht kräftiger Materialzugabe,
wird gegen Ende des dritten Jahrtausends durch ein unglaublich
raffiniertes Verfahren für feine Lötungen, die Diffusions-Lötung,
ergänzt.
Bei diesem Verfahren entwickelt man erst während der eigentlichen
Lötung ein Metall, in der Regel Kupfer, und läßt dieses in die zu
verbindenden Teile eindiffundieren. Dadurch erreichte man auf
kleinstem Raum scharf begrenzbar eine Schmelzpunkterniedrigung
des Grundmaterials, die dann wie beim Hartlöten zu einer Verbindung der Teile führt. Unser Phasendiagramm zeigt, daß die Lötung
nicht etwa mit Kupfer erfolgt, da dieses sogar etwas höher schmilzt
als reines Gold. Die Temperaturkurven zeigen, daß eine Legie-
rungsbildung vom Gold in Richtung Kupfer erfolgen muß, die den
Schmelzpunkt erniedrigt. Im Gegensatz zum Legieren in der
Schmelze erfolgt die Legierung hier aber im festen Zustand, also
durch Diffusion des Kupfers in das massive Metall der zu verbin-

denden Teile. Da man mit einem solchen Verfahren winzige, punkt-
scharfe Lötungen ausführen kann, wurde es besonders zur Herstellung von feinen Ornamenten aus dünnen Drähten und kleinen Kugeln angewendet: Es ist das „Geheimnis" der Filigran- und Granu-
lations-Technik, für die die Etrusker besonders berühmt geworden
sind. Das Verfahren scheint gegen Ende des dritten Jahrtausends
v. Chr., vielleicht wieder in Mesopotamien, erfunden worden zu
sein. Es hat sich rasch auf den florierenden Handelswegen ausgebreitet. Kurz nach dem Jahre 2000 v. Chr. finden sich prachtvolle
Filigran- und Granulationsarbeiten sowohl im Kaukasus (Trialeti)
als auch in Ägypten. Später übten Minoer, Griechen und Etrusker
diese Technik. In den ersten Jahrhunderten unserer Zeitrechnung
ist die Technik der Granulation offenbar weithin verlorengegangen.
Erst in den zwanziger Jahren unseres Jahrhunderts hat man die
Technik wiederentdeckt. Die Kunst des Granulierens war zeitweise
so stark außer Gebrauch gekommen, daß man sogar geglaubt hat,
sie sei gänzlich verlorengegangen. Als 1934 in England ein ver-
dienstvoller Amateur-Goldschmied ein Verfahren zur Granulation
erfand, galt diese Technik für so „neu", daß ihr das britische Patent
Nr. 415 181 erteilt wurde. J. Wolters konnte aber in den letzten Jahren nachweisen, daß es über all die Jahrhunderte hinweg immer
wieder einzelne Gold- und Silberschmiede gegeben hat, die die Gra-
nulations-Technik bei ihren Arbeiten verwenden konnten.
Die Eigenart dieser Technik erschließt sich am besten in einem
Versuch.

Versuch 21: Granulation

*Der Trick der Granulation und der Filigranarbeit besteht in der Her-
stellung eines „Goldleims", auch Chrysocolla genannt. Das Mineral
Crysocoll, ein Kupfersilicat, ist jedoch für diese Arbeit nicht geeignet.*

*Wir verwenden am besten Malachit, der sehr fein zerrieben werden
muß. Dieses Pulver wird mit einem organischen Bindemittel angeteigt,
das folgende Eigenschaften haben soll: Es muß die Goldkugeln auf
das Blech aufkleben und festhalten können und es darf beim Erhitzen
nicht flüssig werden, sondern muß unter Hinterlassung eines festen
Kohlenstoff-Gerüstes verschwelen. Dieser Kohlenstoff soll dann die
eingebetteten Malachit-Körner zu Kupfer reduzieren und so lange vor*

erneuter Oxidation schützen, bis genügend Kupfer in das Gold eindiffundiert ist. Als solches organisches Bindemittel haben sich beim Verfasser pektin-reiche Extrakte von Apfel und Quitte bewährt.

Man koche eine faustgroße Quitte oder einen sauren Apfel, in Schnitzel geschnitten, mit etwa ¼ l Wasser ein bis zwei Stunden, wobei man öfter Wasser nachfüllt. Sodann entfernt man die Schnitzel, filtriert durch ein Tuch und läßt den Sud vorsichtig auf ca. 10 cm³ einkochen. Mit ein paar Tropfen dieses Saftes teigt man etwas Malachit-Pulver an und verreibt nochmals gründlich zu größter Feinheit. Dieser Brei ist ein vorzüglicher „Goldleim".

Wir schneiden nun aus einem Goldblech oder Draht einige kleine Stückchen, die wir auf einer Holzkohle zu kleinen Kugeln aufschmelzen. Man sollte diese Kugeln für den Anfang nicht zu klein machen, etwa ½ mm Durchmesser ist für eine schöne Arbeit günstig.

Auf ein kleines, sehr dünn gehämmertes Goldblech klebt man nun die Kugeln einzeln auf. Dazu faßt man die Kugeln mit einer Pinzette und tupft mit einem sehr feinen Pinsel einen winzigen Fleck unseres Malachit-Breies auf. Die betupfte Kugel wird sofort auf das Goldblech ge-

Abb. 38. Mit Malachit-Brei aufgelötete Granulation. Durchmesser der Kugeln 0,6 mm

126

setzt, wo sie leicht haftet. So kann man Kugel an Kugel zu einem kleinen Ornament zusammensetzen, Man vermeide aber peinlich, das Grundblech mit dem Brei zu verschmutzen.

Ist das Ornament fertig geklebt, legt man das Blech auf ein Stück Kohle und erhitzt vorsichtig mit der äußersten Spitze der Flamme des kleinen Brenners auf beginnende Gelbglut. Einige Minuten dieser Temperatur genügen, um die Kugeln verläßlich auf das Blech zu löten. Nach dem gleichen Prozeß kann man auch Ornamente aus dünnem Draht auf dem Blech auflöten, die sog. Filigranarbeit, Granulation und Filigran kann man bei etwas vorsichtiger Flammenführung auch mit Silber ausführen.

Schlaglichter

Das Grab Tut-ench-Amuns (1332–1323) hat uns die wundervollsten Belegstücke für die ägyptische Gold-Technik des Neuen Reiches geliefert. Wir wollen uns hier auf einige technische Hinweise beschränken:

Die Maske der Mumie ist aus einem Gesichtsteil von fehlerfreiem Guß mit hoher Politur und den Haarteilen zusammengelötet. Die Lötung zwischen Zopf und den über die Schulter herabfallenden Haarteilen ist mit starkem Materialauftrag „gespachtelt" worden, ohne daß das bloße Auge einen Farbunterschied zwischen Lot und Formmaterial wahrnehmen könnte. Der Schmelzpunkt des Lotes muß daher recht nahe beim Schmelzpunkt der Teile gelegen haben.

Der Griff des goldenen Dolches des Tut-ench-Amun zeigt Granulation mit relativ großen Körnern, die offensichtlich mit einer Lehre festgehalten wurden.

Ein ebenso schönes wie interessantes Stück ist eine Gürtelschnalle (Ägyptisches Museum, Kairo, JE 87 847). Sie zeigt in durchbrochener Arbeit den von einem Feldzug siegreich heimkehrenden König. Das Gold der Schnalle ist an einigen Stellen wie von einem leuchtenden roten Firnis überzogen. Es handelt sich um einen hauchdünnen Film, der angeblich durch Auflegen von Eisenoxid oder Pyrit erzielt worden sein soll. Diese Art der Färbung erscheint aber völlig unmöglich, es wäre zu wünschen, daß dieser ungemein wirkungsvolle Farbeffekt genauer geklärt würde.

Ketten aus gelöteten Ringen, eine Kette aus geflochtenem Gold-draht und große Pectorale in Cloisonné-Technik ergänzen das Spektrum der erstaunlichen Fertigkeiten.

Das letzte Jahrtausend v. Chr. ist durch eine ungeheure Ausweitung der Kontakte zwischen weit entfernten Völkern und Kulturen gekennzeichnet. Die Phönizier kolonisierten im ganzen Mittelmeer-Raum. Ihre Schiffe kamen bis nach England und umfuhren im Auftrag des Pharao Necho ganz Afrika vom Roten Meer bis Gibraltar. Sie trieben Bergbau in Spanien und ihre Kolonie Karthago kämpfte mit den Griechen um Seeherrschaft und Handel im westlichen Mittelmeer. Die Griechen kolonisierten die anatolische Küste, Sizilien, Süditalien und Südfrankreich. Balkanische und Skythtische Einflüsse auf die Hallstatt-Kultur lassen sich um 700 v. Chr. nachweisen und der Höhepunkt des Kontaktes westkeltischer Adelssippen mit den griechisch-etruskischen Kulturen wird auf etwa 500 v. Chr. geschätzt. In Gallien wurden an der Wende vom 6. zum 5. Jh. v. Chr. griechische Münzen phokäischen Typs – Obole und Diobole – in leicht barbarisierter Form nachgeprägt (Fund von Auriol, Provence).

Das Reich der Israeliten blühte auf bis zum ungeheuren Metallreichtum Salomos und versank in Kriegen mit Ägypten, Assyrien und Babylonien. Die Königreiche Mesopotamien, Ägypten und Anatolien wurden von den Persern überrant, Alexander zog bis nach Indien und am Ende des Jahrtausends war das römische Weltreich nahe dem Höhepunkt seiner Macht. Inmitten dieser brodelnden Verwicklungen wurde das Geld erfunden und bald schlechthin unentbehrlich.

War Eisen noch zur Zeit Tut-ench-Amuns ein „exotischer Sonderwerkstoff" für kostbare Einzelstücke, wurde es bereits im Trojanischen Krieg verbreitetes Material für Waffen und sehr bald zum allgemeinen Gebrauchsmetall.

Die geradezu explosive Ausdehnung der Kontakte zwischen entferntesten Völkern verbreitete und vermischte auch die Kenntnisse vom Bergbau und vom Umgang mit Metallen. So war etwa um die Mitte des letzten vorchristlichen Jahrtausends die Technik aller Metalle bekannt, die bis heute im Gebrauch sind. Erst in unserem Jahrhundert ist ein neues Gebrauchsmetall, das Aluminium, zur Palette der alten Metalle hinzugekommen. Seit jenem Jahrtausend bewohnen metallverarbeitende Menschen ein breites Band des Globus, von Nordeuropa bis Indien und China.

3 Frühe Analytik: Die Probierkunst entsteht

Wichtige und bis heute geübte Verfahren in der Metallurgie des Goldes sind im letzten Jahrtausend v. Chr. entstanden und verdienen unser Staunen ob ihrer frühen Perfektion die in den nächsten beiden Jahrtausenden gar nicht so wesentlich verbessert worden ist. Besonders das „Probieren" – die Bestimmung des Goldgehaltes – und zwar „mit dem Stein" und „im Feuer", sind Verfahren, die auch kulturhistorisch faszinieren können.

Gold und Silber als wichtigste Münzmetalle bestimmten den Wert der Münzen und ihre Handelfähigkeit. Mit der so wachsenden Bedeutung des Goldes wuchs auch die Kunst des Legierens und, vielleicht als eine Art Gegengewicht zu den Künsten der Schmelzer, das Bedürfnis nach Methoden zur Bestimmung des Goldgehaltes. Es ist nur folgerichtig, daß solche Methoden früh erfunden wurden; verblüffend ist jedoch, daß die Analysenmethoden aus dem ersten vorchristlichen Jahrtausend noch heute – wenn auch mit Verbesserungen – angewendet werden.

Probieren mit dem Stein

Die „Strichprobe" wird durchgeführt, indem man von dem zu prüfenden Gold einen schmalen Strich auf einen „Probierstein" abreibt und die Farbe dieses Striches mit der Farbe eines daneben aufgetragenen Striches einer bekannten Legierung vergleicht. Die Strichprobe muß schon im 6. Jh. v. Chr. weit verbreitet gewesen sein, denn die erste schriftliche Erwähnung durch den griechischen Elegiker Theognis (540–500 v. Chr.) führt die Probe in Sittensprüchen und Lebensregeln gleichnishaft mehrmals an (s. Farbtafel 6).

Als Probierstein findet bis auf den heutigen Tag meist ein schwarzer, aderfreier Kieselschiefer Verwendung. Die frühen Probiersteine kamen, wie wahrscheinlich das ganze Verfahren, aus Lydien, vom Tmolos und Pactolus. Theophrastus (ca. 350 v. Chr.) erwähnt, daß der „Lydische Stein" auch zum Probieren des Silbers verwendet wurde und Plinius sagt, daß man zu seiner Zeit Probiersteine nicht mehr nur aus Lydien beziehen müsse, sondern daß geeignete Steine auch anderswo gefunden würden. Der Probierstein wird matt angeschliffen und vor Gebrauch ganz leicht geölt.

Der visuelle Vergleich der Strichfarben ist zwischen etwa 40 und 70% Goldgehalt am empfindlichsten, d. h. von rund 9 Karat bis etwa

16 Karat, und hängt stark von Geschicklichkeit und Erfahrung des Prüfers ab.

Man muß zwei Fälle unterscheiden: Geht es um die Prüfung einer Münze, wird man den Strich der zu prüfenden Münze mit dem Strich einer anerkannt „guten" Münze vergleichen. Bei diesem Vergleich kann ein geübter Probierer Abweichungen erkennen, die weniger als 10% im Goldgehalt ausmachen. Da bei einer Fälschung der Goldgehalt, wenn überhaupt vorhanden, stärker abweichen dürfte, kann man die Strichprobe in diesem Anwendungsfall als eine recht sichere und effektive Methode ansehen. Diese Art des Probierens hat sich rasch über die ganze damalige Welt verbreitet und ist mehr als 1000 Jahre unverändert in Gebrauch geblieben. Erst kürzlich hat Zedelius in Merowinger-Gräbern zwischen Krefeld und Koblenz eine Anzahl „schwarzer Kieselsteine" als Probiersteine identifizieren können. Einige dieser Steine trugen noch erkennbare Reste von Goldstrichen. Diese Art der Strichproben zieht sich weiter durch die Geschichte. 1260 wird in den Statuten der Pariser Goldschmiede-Vereinigung der von allen Goldarbeitern einzuhaltende Feingehalt kurz als „touche de Paris" (Pariser Strich) mit $^{800}/_{00}$ oder $19\frac{1}{5}$ Karat festgelegt. Um 1300 erläßt König Eduard I von England ein Statut, in dem der „touche de Parys" als Feingehalt für alle in England hergestellten Goldwaren vorgeschrieben wurde. Geprüfte Goldwaren, die diesem Standard entsprachen, wurden mit einem Leopardenkopf gestempelt. Verantwortlich für die Einhaltung des Statuts waren die Goldschmiede im Kollektiv. Dies führte 1327 zur Gründung der „The Worshipful Company of Goldsmiths", die noch heute besteht und für die richtige Punzierung von Gold und Silber zuständig ist.[1]

Schwieriger ist es, den Gehalt einer unbekannten Legierung zu bestimmen. Hierzu braucht der Probierer einen Satz von Vergleichslegierungen, sogenannte „Probiernadeln", in möglichst eng abgestuften Goldgehalten, mit denen Vergleichsstriche neben den Strich der unbekannten Legierung gesetzt werden. Solche Sätze von Probiernadeln sind aus dem vorchristlichen Altertum unbekannt. Die älteste bekannte bildliche Darstellung stammt von Agricola aus dem Jahr 1556.

---

[1] „hallmarking" nach dem Sitz der Gesellschaft, der Goldsmith's Hall

Seit dem 12. oder 13. Jh. n. Chr. sind Salpetersäure (aqua fortis) und Königswasser (aqua regia) bekannt, werden aber erst im 17. Jh. zur Verbesserung der visuellen Strichprobe nachweislich angewendet.

Man bringt seitdem Tropfen verschieden konzentrierter Salpetersäure mit und ohne Zusatz von Salzsäure (bzw. Kochsalz) auf die zu vergleichenden Striche auf und kann so außer der Farbe auch die Löslichkeit der Striche zur Unterscheidung heranziehen. Zusammen mit einem feinabgestuften Satz von Probiernadeln lassen sich Genauigkeiten um 3% Goldgehalt bequem erzielen, manche Quellen halten für den geschickten Probierer 0,5% Genauigkeit für möglich. Unter 15% und über 90% Goldgehalt versagt aber auch jetzt die Strichprobe. Da die meisten Goldgegenstände jedoch innerhalb des genannten Bereiches liegen, der materielle Aufwand für die Prüfung gering und die Methode nahezu zerstörungsfrei ist, hat sich die Strichprobe (unter Anwendung von Säuren) bei Juwelieren und beim Zoll bis auf den heutigen Tag erhalten.

Vermerkt sei noch, daß das bei der Strichprobe erforderliche Reiben auf dem Stein zu dünne Goldauflagen auf vergoldeten Gegenständen durchdringt und das Grundmetall aufdeckt. Betrügerische Vergoldungen müssen also eine gewisse Mindestdicke aufweisen. Im Leydener Papyrus um 300 n. Chr. wird hierauf ausdrücklich hingewiesen, ein Zeichen für die weite und allgemeine Verbreitung der Strichprobe im Altertum.

Versuch 22: Strichprobe

Von alters her verwendet man als Probierstein einen harten, von Bitumengehalt schwarz gefärbten Kieselschiefer. In neuerer Zeit sind auch unglasiertes, schwarzes Porzellan und schwarz gefärbter Achat verwendet worden.

Einen brauchbaren Probierstein kann man sich beim Mineralienhandel, beim Goldschmied oder besser beim Handel für Juwelierbedarf beschaffen. Je nach Wohnort bietet Flußgeröll eine stilgerechte Auswahl geeigneter Kiesel (ein merowingischer Probierstein war ursprünglich ein kleines neolithisches Steinbeil). Der Stein soll möglichst schwarz, homogen in der Farbe, frei von Adern, feinkörnig und nicht kleiner als etwa ein halber Handteller sein. Diesem Stein schleift man eine Fläche an (Schleifstein, Handschuhe und Schutzbrille tragen!)

und gibt dieser Fläche mit 200er Naßschleifpapier ein samtartig mattes Aussehen. Verreibt man auf dieser Fläche einen kleinen Tropfen Öl, kann das Probieren beginnen.

Münzen und Schmuckstücke, besonders Ringe, bieten eine erste Gelegenheit, Farbunterschiede auf dem Stein kennenzulernen. Alle Ergebnisse unserer folgenden Raffinationsversuche kann man auf dem Stein sehr sinnfällig kontrollieren.

Probieren im Feuer

Verkauft heute ein Unternehmen der Schmuckindustrie seine goldhaltigen Abfälle an eine Scheideanstalt oder haben sich beim Handel mit Gold irgendwelche Zweifel ergeben, so bestellt man eine Schiedsanalyse. Eine solche Analyse muß nach einer Methode erfolgen, die allgemein anerkannt, genau und zuverlässig ist.

Die sogenannten „Großgeräte" (von 200 000 DM aufwärts) Atom-Absorption, Spektralanalyse, Massenspektrometer, Röntgenfluoreszenz und Mikrosonden, sind aus der heutigen analytischen Chemie nicht mehr wegzudenken. Mit welchem Gerät führt man nun heute eine Schiedsanalyse auf Gold aus? Die Antwort: „Mit dem Ofen des Burnaburiasch, König von Babylonien um 1350 v. Chr." ist beinahe richtig!

Der bereits erwähnte Brief des Burnaburiasch (Seite 114) ist der älteste bekannte Hinweis auf ein Verfahren zur Prüfung und Reinigung des Goldes und darf wohl auch als Hinweis verstanden werden, daß auch die Verfälschung des Goldes der damaligen Zeit nicht unbekannt war. Im Brief ist schlicht ein „Ofen" als Prüfgerät genannt. Wann immer in den alten Schriften die Eigenschaften des Goldes erwähnt werden, nimmt seine Feuerbeständigkeit einen besonderen Platz ein, es ist das einzige Metall, welches „im Feuer" nicht verzehrt, sondern immer schöner und reiner wird. Einlegierte, unedle Metalle wie Blei, Kupfer und Eisen werden im Feuer rasch oxidiert und können so entfernt werden. Diese Metalle kommen in natürlichem Gold aber nur in sehr geringen Mengen vor. (Die Extraktion geringer Goldgehalte aus Kupfer- oder Bleierzen ist erst sehr viel später erfunden worden.) Das in natürlichem Gold manchmal in hohen Anteilen enthaltene Silber kann nicht durch einfache Oxidation entfernt werden.

Von den Amarna-Briefen bis in die Zeit des Nabonidus (ca. 500

v. Chr.) besitzen wir Keilschrift-Texte aus Mesopotamien mit Abrechnungen über die Goldraffination im Ofen. Eine solche Abrechnung über einen zweistufigen Prozeß lautet:

"5 Minen Gold ... wurden ins Feuer getan. Beim ersten Kochen verschwanden 2/3 Minen 5 Shekel; Es verringerte sich auf 4 Minen 15 Shekel. Beim zweiten Kochen gingen 1/2 Mine 2 Shekel verloren und es ergaben sich 32/3 Minen 3 Shekel Gold".

(Levey)

Eine chaldäisch-assyrische Mine wird von Maréchal auf 504,6 g angesetzt, unterteilt in 60 Shekel zu etwa 8,4 g (??) 60 Minen wiederum ergaben das kleine babylonische Talent von 30,25 kg.

Die Scheidung von Gold und Silber ist aus den bisher bekannten Texten für Mesopotamien nicht nachzuweisen, wohl aber die Kunst des Legierens mit Kupfer und Eisen in Form vom Hämatit schon im Beginn des 2. Jahrtausends v. Chr. Zahlreiche Adjektive werden zur Charakterisierung des Goldes gebraucht, sie spiegeln Farbe, Raffinationsgrad und Gebrauchswert und zeigen eine große Vielfalt von gebräuchlichen Materialsorten des Goldes, seien es zufällige oder gezielte Legierungen. Da in den Keilschrift-Texten stets nur ein „Ofen" und bei den zahlreichen Abrechnungen nie irgendwelche Zuschläge erwähnt werden, muß man wohl annehmen, daß es sich bei dem mesopotamischen Prozeß um eine schlichte Oxidation unedler Metalle wie Zinn, Blei, Eisen und Kupfer gehandelt hat. In der archäologischen Literatur wird dieser Prozeß fälschlich unter dem Sammelbegriff „Kupellation" eingereiht.

Genau betrachtet ist der mesopotamische Prozeß so, wie er aus den Urkunden sich ergibt, nur eine Vorstufe der Kupellation. Letzterer Begriff sollte eigentlich auf einen Prozeß beschränkt bleiben, bei dem dem Rohmaterial gezielt Blei zugesetzt wird, damit es beim Schmelzen die anderen Metalle „sammelt" und dann in die Bleiglätte bzw. Schlacke überführt.

Da auch bei der einfachen Oxidation Überraschungen vorkommen können, wollen wir uns eine gewisse Stoffkenntnis durch einfache Versuche verschaffen.

Versuch 23: Gold im Feuer

Aus Ton stellen wir einige flache Näpfchen her, ca. 10 mm weit und 2–3 mm tief bei 2–3 mm Dicke der Wandung. Die Näpfe werden ge-

trocknet und danach mit der Flamme kurz geglüht. Auf einem solchen Napf schmelzen wir etwa 1 mm³ Gold (ca. 20 mg) zu einer Kugel. Hatten wir gering legiertes Gold (mehr als 20 Karat oder mehr als 833), können wir die Flamme beliebig lange einwirken lassen, ohne daß Farbe oder Menge sich erkennbar ändern.

Stärkerer Kupfer-Gehalt läßt eine schwarze Oxid-Kruste entstehen, die man bei einem größeren Stück mit einer Bürste oder auch mit Salzsäure entfernen kann. Wiederholt man das oxidierende Blasen und das Entfernen der Oxid-Kruste einige Male, so kann man erreichen, daß das Gold sich schließlich nur noch wenig verfärbt oder ganz rein glänzend übrigbleibt.

Diese Art Reinigung läßt sich bei Kupfer und Eisen als Verunreinigung durchführen, wobei wir wissen, daß schon im alten Mesopotamien gelegentlich Eisen ins Gold legiert wurde, vielleicht um Glanz oder Farbe zu beeinflussen. Allerdings wurde nicht metallisches Eisen der Goldschmelze zugesetzt (wie heute gelegentlich bei technischen Legierungen), sondern Hämatit, der bei reduzierendem Feuer natürlich die gleiche Wirkung hat.

Etwas ganz anderes geschieht im Falle einer für natürliches Seifengold charakteristischen Verunreinigung, dem Zinn. Die Wirkung hoher Zinn-Anteile ist dramatisch und wird im nächsten Versuch vorgestellt.

Versuch 24: Die „Zinnkatastrophe"

Wir fügen zu unserer mit dem Maßstab nach Abb. 40 gemessenen Goldperle etwa die gleiche bis doppelte Menge eines guten Lötzinns (Blei-Zinn-Legierung) hinzu und erhitzen möglichst hoch. Plötzlich bildet sich eine rissige Kruste und das Korn verbrennt, falls genügend Zinn zugegeben wurde, auch ohne weiteres Erhitzen spontan und unter Feuererscheinung zu einer graugrünen Asche. Bei den hier eingesetzten Mengenverhältnissen geht die Verbrennung meist restlos vor sich. Die Asche ist leicht zu zerkrümeln und mit unserer Flamme nicht schmelzbar. Chemisch handelt es sich um ein Gemisch von Blei- und Zinnoxiden mit feinst verteiltem Gold, welches mit dem Auge nicht mehr erkennbar ist.

Die Asche wird für einen späteren Versuch sorgfältig aufbewahrt. (Versuch 26).

Diese Verbrennung einer Zinn-Gold-Legierung mit den daraus folgenden hohen Goldverlusten könnte die Ursache für den angeblich so erheblichen Goldverlust bei Burnaburiasch sein (nur 5 Minen Gold von 20 Minen Legierung seien aus dem Ofen herausgekommen, so klagt Burnaburiasch). Ein hoher Zinn-Gehalt muß nicht unbedingt auf eine vorsätzliche „Streckung" des Goldes zurückgehen, es könnte sich auch um Gold aus einer sehr zinn-reichen Seife handeln, das nur liederlich gewaschen wurde. Letzteres würde ein recht schlechtes Bild auf die ägyptische Verwaltung werfen.

Fügt man statt des Lötzinns dem Goldkorn eine etwa gleichgroße Perle Blei hinzu, so erhält man bei kurzem Aufschmelzen ein Bleilegierung in einem silbrigen Farbton. Erhitzt man diese Legierung mit den äußeren Flammenteilen bei gutem Luftzutritt längere Zeit auf Schmelztemperatur oder darüber, scheidet sich aus dem Korn ein farbloses bis honiggelbes „Glas" ab. Die Entstehung dieser „Bleiglätte", PbO, zeigt die Verschlackung des Bleis an und damit die wachsende Reinheit des Goldes.

Versuch 25: Die Kupellation des Goldes

Wir setzen einer Goldperle die drei- bis fünffache Menge Blei zu. Ferner bereiten wir mehrere Kupellen vor, wie es schon beim Silber beschrieben wurde (Versuch 17). Wie beim Silber legen wir das legierte Korn auf eine gut ausgeheizte Kupelle und erhitzen auf 800 bis 900° C, was einer signal- bis hellroten Glut entspricht.

Man beobachtet, wie das Korn schnell an Größe verliert. Die Kupelle selbst verfärbt sich bei sehr reinem Blei gelb (in der Hitze rötlich) oder bei unreinem Blei grünlich oder schwärzlich. Der geübte Probierer kann an der Verfärbung der Kupelle erkennen, ob und welche Verunreinigungen noch im Blei enthalten sind.

Man muß die Schmelze so führen, daß sich möglichst nie eine erstarrende Schlackenhaut auf dem Korn bildet. Manche Verunreinigungen, vor allem Nickel, führen zur Ausbildung sehr schwer schmelzender Häute, in einem solchen Fall hilft man sich am besten durch Zugabe von neuem Blei und erneutem Oxidieren auf einer frischen Kupelle.

Wenn das Korn annähernd die Größe des ursprünglich eingesetzten Goldkornes erreicht hat, kann man bei hoher Aufmerksamkeit ein sehr schönes Phänomen sehen: Den „Blick". Der Blick besteht in einem plötzlichen, manchmal sehr hellen grünlichen Aufleuchten des Kornes, welches anschließend erstarrt. Bei dieser Leuchterscheinung handelt es sich um das Freiwerden der Schmelzwärme des Goldes in dem Augenblick, in dem das letzte Blei oxidiert und in der Kupelle verschwunden ist. In diesem Augenblick geht nämlich das in der Legierung flüssig gewesene Gold in reines festes Gold über und die freiwerdende Schmelzwärme erhitzt für einen kurzen Augenblick das Korn.

Voraussetzung für die Beobachtung des Blickes ist natürlich, daß die Temperatur während der Oxidation des Bleies, dem „Treiben", weit unter dem Schmelzpunkt des Goldes gelegen hat. Man muß daher, wozu aber einige Übung erforderlich ist, die Temperatur des Korns kurz vor dem Erstarren etwas absinken lassen. Dieses Prinzip findet sich in einem alten Regelspruch der Probierer: „Heiß getrieben/kalt geblickt ist des Probierers Meisterstück."

Waren nur geringe Mengen von Unedelmetallen im Gold enthalten, kann man sie mit dieser einfachen Kupellation gut entfernen. Sind größere Mengen an Verunreinigungen vorhanden, was man auch an einer starken Verfärbung der Kupelle beim ersten Treiben merken kann, muß man im Prinzip die Kupellation mit immer neuer Bleizugabe mehrmals wiederholen.

Seit dem Mittelalter kürzt man dieses Verfahren dadurch ab, daß man die Probe mit Blei und Borax schmilzt und dabei möglichst heiß werden läßt. Der Probierer spricht von „Ansieden". Dabei läßt man auf das erste Überhitzen („erstes Heißtun") eine Periode folgen, bei der unter etwas niedrigerer Temperatur mit starkem Luftzutritt verstärkt oxidiert wird („Kalt-tun"). Danach kann nochmals erhitzt werden. Bei diesem Verfahren, welches noch heute in kohlegeheizten Muffelöfen ausgeführt wird, werden die Unedelmetalle weitgehend in die Borax-Schmelze überführt, die sich im Falle von Kupfer schön grün färbt.

Auch mit dem Lötrohr kann man mit Borax ansieden.

Die Abbildung 39 zeigt einen Siedescherben mit der grünen Borax-Schicht (Kupfer) und dem Bleiregulus sowie eine Kupelle mit dem am Ende des Abtreibens verbliebenem Goldkorn. Die gezeigten Beispiele stammen aus einer im Institut für Edelmetalle und Metallforschung in Schwäbisch-Gmünd durchgeführten Schiedsanalyse (Dr. Ch. J. Raub).

Abb. 39. Ansiedescherben und Kupelle mit Edelmetallkorn. Institut für Edelmetalle, Schwäbisch-Gmünd, Dr. Ch. J. Raub

50	3,48
49	3,27
48	3,08
47	2,89
46	2,71
45	2,54
44	2,37
43	2,22
42	2,06
41	1,92
40	1,78
39	1,65
38	1,53
37	1,41
36	1,30
35	1,19
34	1,09
33	1,00
32	0,91
31	0,83
30	0,75
29	0,68
28	0,61
27	0,55
26	0,49
25	0,43
24	0,38
23	0,34
22	0,30
21	0,26
20	0,22
19	0,19
18	0,16
17	0,14
16	0,11
15	0,10
14	0,08
13	0,06
12	0,05
11	0,04
10	0,03
9	0,02
8	0,014
7	0,009
6	0,006
5	0,0035
4	0,0018
3	0,0008
2	0,0002
1	0,00003
0	

Abb. 40. Kornmaß nach Plattner. Links laufende Numerierung, rechts Korngewicht in mg bzw. Prozentgehalt in Silber für eine Erzmenge von 100 mg. Die Umrechnung auf das Gewicht von Goldkörnern erhält man durch Multiplikation mit dem Faktor 2,136

Bei sehr geringen Goldgehalten kann es vorkommen, daß das nach dem Treiben verbleibende Korn zu klein ist, um mit vernünftiger Genauigkeit gewogen zu werden. Auch hatte der Prospektor, der Berg- und Hüttenmann nicht immer eine genügend feine Waage zur Hand. Es ist daher über lange Zeit der Brauch geübt worden, das Goldkorn zu messen und aus seiner Größe mit Hilfe mehr oder weniger empirischer Beziehungen auf sein Gewicht zu schließen. Bis in unser Jahrhundert haben Prospektoren, Münzprüfer und Goldschmiede hierfür ein von Plattner um 1830 angegebenes „Kornmaß" verwendet. Dieses Kornmaß besteht aus zwei zueinander geneigten Geraden, die sich bei einer Länge von 156 Millimetern von ihrem Schnittpunkt auf 0,9 mm geöffnet haben. Die ganze Länge dieses Keils ist in 50 Teile zu 3,12 mm linear geteilt. Üblicherweise ritzt man dieses Kornmaß auf Glas, Messing, Holz, Elfenbein. Für den Hausgebrauch gibt Abb. 40 ein Plattnersches Kornmaß im Druck wieder, was für den Gebrauch bei unseren Experimenten eine durchaus hinreichende Genauigkeit liefert.

Zur Benutzung dieses Kornmaßes faßt man das Edelmetall mit einer Pinzette und legt es mit seiner Längsachse quer zwischen die divergierenden Linien. Man verschiebt das Korn unter Beobachtung mit einer Lupe, bis es genau von Mitte zu Mitte der beiden Linien reicht und liest dann sein Gewicht auf der Teilung ab. Die Teilung des abgedruckten Maßstabes gibt die Gewichte für Silber. Das Goldgewicht erhält man durch Multiplikation der gedruckten Gewichtsangabe mit 2,136. (Die Abflachung des Kornes durch die Oberflächenspannung ist bei der Teilung des Kornmaßes bereits empirisch berücksichtigt.) Das Kornmaß liefert bei einiger Übung eine Genauigkeit, die sich besonders bei kleinen Körnern nur unter großem Aufwand in einem gut eingerichteten Laboratorium verbessern läßt.

Hat man die Ausgangsmenge der unbekannten Goldlegierung genau gewogen, kann man den Goldgehalt der Legierung nach diesem Verfahren gut bestimmen, solange kein Silber und auch keine Platinmetalle in der Legierung enthalten sind.

Das hier beschriebene Verfahren ist der Inhalt der „*Dokimasie*" wie sie noch heute geübt wird, wenn wir hier einmal von der Abtrennung der erwähnten Edelmetalle absehen[2]. Zur Geschichte der Do-

---

[2] S. Lit. „Edelmetall-Analyse".

kimasie oder Probierkunst sollte eine wenig bekannte Begebenheit nicht unerwähnt bleiben:

Am Ende unseres 17. Jahrhunderts war die englische Münzwährung so schlecht geworden, daß für die Wirtschaft ernste Probleme entstanden. Schatzkanzler Montagu erwirkte vom Parlament den Beschluß, den Münzbestand neu zu prägen, wozu natürlich nicht nur die mechanische Formgebung, sondern auch die Raffination des Metalles gehörte. Dieses schicksalhafte Werk – die Erfolge der späteren Subsidienpolitik hingen schließlich von der Glaubwürdigkeit der englischen Münzen ab – bedurfte eines integeren Mannes zur Aufsicht. Einen Mann mit dieser seltsamen Eigenschaft kannte Montagu: Isaak Newton (1642–1727). Dieser hatte seine Grundlegung der theoretischen Physik beendet (Veröffentlichung der „Prinzipia" 1687) und war nach Jahren der Armut für eine neue Lebensaufgabe bereit. 1696 wurde Newton „Warden" und 1699 „Master of the Mint". Newton erlernte die Probierkunst der Zeit, und gewann auch als Metallurge das Ansehen seiner Zeitgenossen. Das Birmingham Assay Office bewahrt noch heute den Probierofen, an dem Newton selbst Analysen nach dem uralten Brauch der Probierer durchführte. Newton hat diesem Amt rund dreißig Jahre gedient, genau so lange wie er sich vorher der Physik gewidmet hatte.

4 Die Anreicherung von Gold aus armen Erzen

Die bemerkenswerte Eigenschaft des Bleies, Gold und Silber leicht aufzulösen, zusammen mit der technisch leicht durchführbaren Abscheidung der Edelmetalle auf dem Wege der Kupellation, haben nicht nur die Probierkunst früh zu hoher Blüte geführt, sondern auch die Gewinnung der geschätzten Metalle aus Erzen und anderen Metallen möglich gemacht.

Harrison ist der Überzeugung, daß schon die Römer in den beschriebenen Bergwerken in Portugal die Goldgewinnung aus dem Erz mit Hilfe des im Erz enthaltenen Bleies durchführten. Das Erz sei also zunächst auf Blei verhüttet worden. Dieses habe das Gold aus dem Erz gesammelt und letzteres sei dann durch Kupellation abgeschieden worden.

Eine solche Technik ist archäologisch nicht mit Sicherheit nachzuweisen. Das kann unter anderem daran liegen, daß weder die alten

Schriftsteller das komplizierte Verfahren recht verstanden, noch daß es den Archäologen möglich wäre, aus den schwer zu deutenden Resten alter Werkstätten diesen Prozeß zu entschlüsseln. So wollen wir die Behauptung Harrisons lediglich als plausible Vermutung werten, da ja die Erze von ihrer Zusammensetzung her einen solchen Prozeß möglich erscheinen lassen und die Kupellation der damaligen Zeit gut bekannt war.

Mit Sicherheit ist die Extraktion des Goldes aus armen Erzen durch die Schriften des Agricola aus der Renaissance bekannt. In den verschiedensten Bergbaugebieten wurde das Verfahren auf eine Vielzahl verschiedener Erze angewandt, was dafür spricht, daß das Verfahren an sich zu Agricolas Zeiten auf eine längere Tradition zurückblicken konnte.

Das Verfahren läuft in groben Zügen wie folgt: Ein Erz mit geringem Goldgehalt, zum Beispiel Kupferkies, wird normal auf Kupfer verhüttet. Der Goldgehalt des Erzes geht dabei nicht in die Schlakken, sondern bleibt im Kupfer. Da man das Kupfer selbst nicht kupellieren kann, läßt man es aus dem Schmelzofen in einen „Vorherd" laufen. Dieser Vorherd besteht aus einer flachen, schüsselförmigen Vertiefung vor dem Stich des Ofens und wird teilweise mit flüssigem Blei gefüllt. Auf dieses Blei läßt man nun das flüssige Kupfer laufen, in manchen Fällen auch den Kupferstein oder sogar noch die Schlacke.

Das Blei sammelt die im Kupfer oder im Stein enthaltenen Edelmetalle bei genügendem Kontakt mit hoher Ausbeute auf. Dann wird das Kupfer oder der Stein entfernt und wie gewohnt weiterverarbeitet. Die nächste Charge des Ofens läßt man wieder mit dem gleichen Blei in Kontakt treten, und so weiter, bis eine Probe des Bleies einen genügend hohen Gehalt an Edelmetall aufweist, daß sich die Gewinnung des letzteren lohnt. Solches Blei wird „Reichblei" genannt.

Die Abbildung 41 zeigt eine typische Ofenanlage aus den vielen Beispielen, die Agricola zu diesem Verfahren anführt. Man erkennt deutlich den blei-gefüllten Vorherd und bereits entfernte Stücke von Reichblei.

Das Reichblei wird durch Kupellation weiterverarbeitet. Die entstehende Glätte wird entweder wieder zu Werkblei reduziert oder sogar als unbehandelte Glätte zusammen mit den Erzen wieder in den Ofen eingegeben um erneut als Sammler für Edelmetalle zu wirken.

Abb. 41. Ofenanlage mit Vorherden zur Edelmetallextraktion. Der linke Ofen wird beschickt, der mittlere Ofen wird gerade abgestochen, damit die Schmelze mit dem am Boden des Vorherdes erkennbaren Blei in Kontakt tritt. Am rechten Ofen wird das mit Edelmetall angereicherte Blei in Formen ausgeschöpft (nach Agricola)

Dieser, für das frühe 16. Jahrhundert belegte kunstvolle Prozeß zeigt deutlich, welch hohen Stand die Hüttentechnik zu Agricolas Zeiten erreicht hatte. Man sollte sehr vorsichtig sein, die Beschreibungen Agricolas zur Grundlage einer Diskussion „primitiver" Verfahren zu machen.

Versuch 26: Extraktion von Gold

Eine der wichtigsten und bis in die Neuzeit geübten Anwendungen der Kupellation ist die Extraktion von Gold aus anderen Erzen. Um den Effekt deutlich zu machen, verwenden wir die goldhaltige Zinnasche aus Versuch 24, als Modell für ein Erz, dessen Goldgehalt dem Auge nicht erkennbar ist.

Wir füllen diese Asche in einen unserer kleinen Tiegel und geben soviel Blei dazu, daß etwa ein Drittel des Tiegels mit geschmolzenem Blei gefüllt wird. Der Tiegel wird erhitzt ohne zu Glühen, so daß das Blei

141

leicht flüssig wird. Mit einem Eisendraht, den man unter Umständen mit der Flamme erhitzen muß, werden Blei und Asche für einige Minuten gut durchgerührt, so daß das Blei mit allen Teilen der Asche in innigen Kontakt gerät. Sobald man das Rühren einstellt, scheidet sich die Asche wieder vom Blei.

Man teilt, je nach der Menge des eingesetzten Metalles, das Blei in mehrere Portionen so ein, daß jede Portion eine Schmelzkugel von nicht mehr als 2 bis 3 mm Durchmesser ergibt. Jede dieser Portionen wird unter Verwendung der bereits beschriebenen Knochenasche-Kupellen (s. S. 83) soweit abgetrieben, daß ein noch bequem zu handhabendes kleines Bleikorn von 0,5 bis 1 mm Durchmesser übrig bleibt.

Diese, jetzt ,,reicheren" Bleikörner werden vereinigt und gemeinsam abgetrieben bis alles Blei verschwunden ist. Je nach Einsatz von Gold bei Versuch 24 erhält man leicht ein verhältnismäßig großes Goldkorn und kann mit dem Plattnerschen Maßstab die Ausbeute der Extraktion bestimmen. Die Extraktion verläuft erstaunlich glatt und mit hoher Ausbeute.

5 Die Zementation – ein erstes Scheiden von Gold und Silber

Durch Schmelzen mit Blei und anschließende Kupellation kann man die unedlen Metalle aus Gold entfernen. Wir haben gesehen, daß man mit Blei auch in der Lage ist, Gold aus geringhaltigen Erzen ,,auszuwaschen". Nicht möglich dagegen ist es, mit der Kupellation das edle Metall Silber vom etwas edleren Gold zu trennen. Beide Metalle werden im Blei annähernd gleich gut aufgelöst und beim Oxidieren des Bleies während der Kupellation nicht – oder fast nicht – oxidiert. Zur Trennung von Gold und Silber, die besonders für die vielen natürlichen Vorkommen von Gold-Silber-Legierungen (Elektron) wichtig ist, bedarf es stärkerer chemischer Mittel. Das früheste Verfahren zur Abtrennung von Silber aus Gold ist die ,,Zementation". Das Prinzip dieses Verfahrens beruht auf der Tatsache, daß gewöhnliches Kochsalz bei heller Rotglut Silber in Silberchlorid überführen kann, während Gold von einer Kochsalzschmelze nicht nennenswert angegriffen wird.

Die Verwendung von Salz zur Reinigung des Goldes geht in Ägypten wohl auf die Zeit um 500 v.Chr. zurück. Das Auftreten dieser

Technik trifft etwa mit der Zeit der persischen Eroberung zusammen. Ob diese Technik von Persien nach Ägypten oder umgekehrt übertragen wurde, ist ungewiß.

Agatharchides fährt in seinem bereits zitierten Bericht über den ägyptischen Gold-Bergbau (S.108) folgendermaßen fort:

„Diesen (nämlich den gewaschenen Gold-Schlich) übernehmen andere Werkmeister, schütten ihn in irdene Tiegel, setzen ihm nach einem bestimmten Gewichtsverhältnis Blei, Salz, ein wenig Zinn und Gerstenkleie zu, schließen die Tiegel mit Deckeln, die sie genau mit Lehm verstreichen und halten sie fünf Tage und fünf Nächte im Feuer eines Schmelzofens, nach dessen Erkalten findet man im Tiegel reines Gold, mit einem geringen Abgange, aber nichts mehr von den Zuschlägen. Auf diese Art wird das Gold an der Grenze Ägypten gewonnen. Die Entstehung dieser Bergwerke ist uralt und die Könige der Vorfahren (Pharaonen) sind die Urheber derselben".

Der chemische Inhalt des Rezeptes ist verwirrend und könnte auf eine Vermischung zweier Prozesse durch den ja mit der Metallurgie nicht besonders vertrauten Schriftsteller hindeuten.

Blei als Zuschlag deutet auf einen oxidativen Prozeß, auf Kupellation. Dem widerspricht der Luftabschluß und die Zugabe von organischem Material, welches eine reduzierende Atmosphäre herstellt. Kochsalz dagegen bildet bei hoher Temperatur Chloride aus dem Silber- und Kupfer-Gehalt des Goldes. Silberchlorid ist flüchtig, die Behauptung, daß man am Ende des Prozesses nichts mehr von den Zuschlägen findet, entspricht genau der chemischen Erwartung.

Notton hat 1974 den Prozeß des Agatharchides nachgearbeitet und kommt zu folgendem Schluß: Das Blei kann höchstens als Flußmittel für Sandreste gedient haben. Zinn als Zugabe verschlechtert den Wirkungsgrad in so starkem Maße, daß die ägyptischen Handwerker es eigentlich nur erwähnt haben können, um den Fremden bewußt irrezuführen. Das einzig wirksame Agens ist das Kochsalz. Notton kam bei seinen Zementations-Versuchen in einem einzigen Schritt von einer Gold-Silber-Legierung mit 37,5% Gold auf eine Legierung mit 93% Gold (22,3 Karat), wenn nur reines Kochsalz zugesetzt wurde. Zuschläge von Kohle, Blei und Zinn verschlechterten die Reinigung erheblich. Goldverluste traten bei Notton's Versuchen nicht auf.

Daß Kochsalz nicht nur Silber, sondern auch Kupfer aus dem Gold entfernt, zeigt der nächste Versuch.

Versuch 27: Zementation von Gold

Wir nehmen ein kleines Stück Gold und schmelzen mit der kleinen Düse auf einem Stück Kohle. Ein etwa hirsekorngroßer Regulus ist die richtige Menge. Zu diesem Goldregulus schmelzen wir bei Feingold die doppelte Menge Kupfer, bei Schmuckgold nur etwa die gleiche Menge. Der neue Regulus wird beim Erkalten schwarz und unansehlich. Anfeilen oder leicht abschmirgeln zeigt ein kupferfarbenes Metall. (Falls vorhanden, kann man mit Salzsäure die Oxid-Haut wegätzen.)

Den Regulus schlagen wir zu einem möglichst dünnen Blech aus, wobei wir mehrmals zwischenglühen. Ein Teil des Bleches bewahren wir für den späteren Vergleich auf.

Nun füllt man einen Tiegel mit Kochsalz und schmilzt dieses auf. Der Tiegel soll ca. 3 mm hoch mit Salzschmelze gefüllt sein. Auf diese Salzschicht packen wir ein Stück des vorbereiteten goldhaltigen Bleches und eine Prise gewöhnlichen roten Ziegelstaubes. Darüber werden wieder etwa 2–3 mm Kochsalz aufgeschmolzen. Der erkaltete Tiegel wird mit Ton und Glaspulver gut verschlossen (s. Versuch 14).

Der Ofen wird so zusammengesetzt, daß das Tragegitter für den Tiegel wenigstens 5 cm über der Düse des Brenners liegt, der Tiegel soll nur kirsch- bis hellrot werden (900–1000° C). Bei dieser Temperatur wird der Tiegel 2 bis 3 Stunden bei nicht zu starker Flamme geglüht (Verbrauch ca. 150 g Gas). Beim vorsichtigen Zerbrechen des Tiegels fällt die grüne Farbe der Salzschmelze sofort auf. Sie zeigt, daß Kupfer vom Salz gelöst wurde. Das Gold findet sich, je nach Temperatur, noch als Blech oder als Regulus vor (s. Farbtafel 7).

Ist der Versuch richtig gelaufen, erkennt man den Erfolg auf den ersten Blick an der schönen hellen Goldfarbe des Regulus. Das gereinigte Gold ist sehr weich und manchmal so schwammig, daß man es mit einer Pinzette zerrupfen kann. Man reinigt das Metall vom anhaftenden Kochsalz und erschmilzt auf Kohle einen neuen Regulus, der zur späteren Gehaltsbestimmung aufbewahrt wird (s. Farbtafel 8).

Wiederholt man den Versuch mit Silber-Zugabe anstelle von Kupfer, so findet man am Ende der Glühzeit das Gold in einem sonst mehr oder minder leeren Tiegel vor. Salz und Silberchlorid sind durch feine Risse des Tiegels verdampft oder vom Ton adsorbiert.

Setzt man die Scherben des Tiegels einige Zeit der Sonne aus, färben sich AgCl-Reste schwarz.

Bemerkung: Manches Zahngold enthält Rhodium oder andere Platinmetalle, die vom Prozeß nicht entfernt werden. Der Regulus behält dann einen silbrigen Farbton, die Extraktion des Kupfers oder Silbers verläuft aber ungestört.

Schmilzt man einen Brei aus Kochsalz und Ziegelstaub auf der Oberfläche eines Gegenstandes aus einer silberfarbenen Gold-Legierung, führt das eben geschilderte Herauslösen des Silbers zu einer oberflächlichen „Vergoldung" des Werkstückes, ohne daß Gold aufgetragen wird. Eine treffende Bezeichnung für diesen Prozeß finden wir im englischen Sprachgebrauch: „depletion gilding", etwa mit „Vergoldung durch Verarmung" oder „Abreicherung" zu übertragen.

Beim Schmelzen und Gießen des Goldes haben wir technische Parallelen zwischen den Goldschmieden des vorderen Orients und ihren viel späteren vorkolumbianischen Kollegen in Amerika feststellen können. Faszinierend ist, daß solche Parallelen auch beim „depletion gilding" zu beobachten sind. Die indianischen Goldschmiede erzeugten goldfarbige Ornamente auf silbrigem Untergrund durch Ätzen weißer Goldlegierungen mit Pflanzensäften und korrosiven Mineralien. Lechtman hat diese Technik erst kürzlich rekonstruiert. Danach wird auf die Goldlegierung im gewünschten Ornament eine Paste aus Alaun, Kochsalz und Salpeter oder einem anderen korrosiven Mineral (z. B. „Eisenvitriol" = Eisensulfat) aufgetragen und geglüht. Danach wird die Paste abgewaschen und die dünne schwarze Kruste wird mit heißer Salzlauge entfernt. Die etwas schwammige, jetzt goldene, Oberfläche wird durch Erhitzen und Polieren mit einem Stein verfestigt. Eine hervorragend schöne und den zeitgenössischen europäischen Goldschmieden unbekannte Technik.

6 Geld und Gold

Kaum hatten die Lyder-Könige im 7. Jh. v. Chr. das Geld erfunden, als auch schon pfiffige Metallurgen begannen, am zur Herstellung der Münzen benötigten Gold zu sparen. Da das Gewicht der Münze eine leicht feststellbare Eigenschaft ist, kann man wirkungsvoller an Gold sparen, wenn man es durch Zugabe anderer Metalle verfälscht. Es gehört zu den reizvollen Kapiteln der Metallurgie zu sehen, wie schon in der frühen Geschichte die Bemühungen um Reinheit und die Anstrengungen zur Fälschung des Goldes nebeneinander hergehen.

So sagt Herodot (III, 56) dem Polykrates (um 540 v.Chr.) nach, er habe zur Bezahlung spartanischer Hilfstruppen Münzen benützt, die betrügerischerweise aus vergoldetem Blei gemünzt wurden. Von manchen kleinasiatischen Münzen dieser Jahrhunderte ist bekannt, daß ihr Goldgehalt außen höher ist als innen. Mit der wachsenden Kunstfertigkeit beim Verfälschen des Goldes stieg auch das Bedürfnis nach „sicheren" Münzen. Herodot berichtet in IV, 166: „Darius tat, was noch kein König vor ihm getan hatte, er ließ möglichst reines Gold noch weiter läutern, so sehr es ging, und schlug Münzen daraus."[3]

Übrigens – quod licet jovi ... – der persische König Kambyses ließ einen Unterkönig, Aryandes, in Ägypten unter fadenscheinigen Vorwänden hinrichten, weil dieser den Ehrgeiz gehabt hatte, mit Silber das Gleiche zu tun wie Darius mit Gold.

Als die griechischen Inselstädte Mytilene und Phokäa einen Vertrag über die Qualitätskontrolle ihrer Prägungen schlossen (5. Jh. v.Chr.), wurde auch die Technik des Betruges verbessert: Healy hat eine Münze aus diesen Prägungen untersuchen können, sie enthielt an der Oberfläche 70% Gold, im Innern aber nur 35%. Eine solche Fälschung kann leicht mit Hilfe der Zementation stattfinden.

Münzrohlinge wurden auf das richtige Gewicht gebracht, indem man Späne und Abschnitte des richtigen Münzmetalles in gewogenen Portionen einzeln aufschmolz. Der so erhaltene Regulus wurde dann zur Münze geschlagen. Dies war der „offizielle" Vorgang. Nahm man ein Metall mit höherem Silbergehalt als vorgeschrieben, wäre dies an der Farbe sofort erkennbar gewesen. Die Farbe konnte man aber dadurch der Goldfarbe der richtigen Legierung angleichen, daß man beim Rohling-Schmelzen Salz zusetzte und die Schmelze zeitlich solange ausdehnte, bis durch Verarmung der Oberfläche an Silber der richtige Farbton erreicht war.

Von der Leichtigkeit dieses Verfahrens kann man sich überzeugen, wenn man in Versuch 27 eine Legierung mit etwa 30% Gold als massiven Regulus von 3–4 mm Durchmesser einsetzt. Den „goldenen"

---

[3]   Die „Dareike" hat nach modernen Analysen ca. 97% Gold

146

Regulus mit seinem silberfarbigen Kern kann man zu einer Platte schlagen, die bei allen oberflächlichen Prüfungen, einschließlich Kratzen und Reiben an einem Stein einen hohen Goldgehalt aufweist.

Leider können nur selten Goldmünzen dieser Zeit genauer untersucht werden, so daß nicht abgeschätzt werden kann, ob dieses interessante Verfahren tatsächlich angewendet worden ist.

Mit einiger Phantasie kann man die volkswirtschaftliche Bedeutung der Legierungskunst von Gold- und Silberschmieden an einer tragischen Episode ermessen:

In den Eroberungen durch die Perser, die Griechen und die Römer war Ägypten und seine Kultur zerfallen. Seit dem Tode der Cleopatra, 30 v. Chr., war dieses Land nur noch eine unterdrückte und ausgebeutete Kolonie. Tempel und Künste waren verfallen. Trotzdem fand man die Kraft und die finanziellen Mittel für gelegentliche blutige Aufstände. Offenbar wußte man sich auch die drückende Last der in Gold zu entrichtenden Steuern durch eine hochentwickelte Fälschungskunst zu erleichtern. Wir wissen nämlich, daß die römische Verwaltung bald nur noch solches Gold als Steuerzahlung entgegennahm, das vorher bei ihr selbst gekauft worden war.

Kaiser Diokletian, berühmt durch seine Versuche zur Stabilisierung des römischen Weltreiches mittels der Christenverfolgung und der Festsetzung von Höchstpreisen und Höchstlöhnen im Edikt von 301 n. Chr., mußte 297 eine Strafexpedition nach Ägypten unternehmen. Bemerkenswert daran ist, daß der Kaiser bei dieser Expedition „alle Bücher der Alten über die Chemie des Goldes und des Silbers" verbrennen ließ, „damit nie mehr aus solchen Künsten den Ägyptern Wohlstand zuwachse und sie nicht mehr ermutigt würden, gegen Rom zu rebellieren". Diokletian darf also auch den Ruhm beanspruchen, Erfinder der den Älteren von uns gut bekannten „Demontage" zu sein. Im Jahre 305 n. Chr. zog sich der Kaiser, frustriert, angewidert und weise in seinen Palast in Split zurück. Offenbar hat man schon zu Diokletians Zeiten wichtige Werkstattbücher durch Abschreiben und Verbergen der Vernichtung entziehen können. 1828 wurde auf einem Gräberfeld bei Theben eine wohlerhaltene Abschrift eines solchen Werkstattbuches gefunden, die heute teils in Leyden, teils in Stockholm aufbewahrt wird. Ein Stück des in Leyden aufbewahrten Teiles, der „Leydener Papyrus" mit griechisch abgefaßtem Text, enthält über 100 Rezepte zur Herstellung und Prüfung von Legierungen, Vergoldungen und Tinten, einige davon haben eindeutig betrügerische Zielsetzung. Nicht weniger als 32 von 101 metallurgischen Rezepten befassen sich mit Herstellung, Vermehrung, Prüfung und Verwendung von „Asem" $\alpha\sigma\epsilon\mu o\rho$. „Asem" ist nach heutiger Ansicht ein Sammelbegriff für Legierungen, die sich zur Imitation von Gold und Silber eignen (Imitation ist nicht von vornherein betrügerisch).

Haupt-Ingredienzen der verschiedenen Arten von Asem sind Zinn, Quecksilber und Kupfer, letzteres durch Arsen (Weißkupfer, Arsenbronze) oder Zink (Messing) gefärbt. Die Färbung des Kupfers erfolgte durch natürliche Arsen- bzw. Zink-Minerale ebenso wie mit Hilfe von „Cadmia", worunter der „Hüttenrauch" ausgewählter, erzverarbeitender Betriebe zu verstehen ist.

Um Gegenstände gehobener Qualität herzustellen, wurde ein geeignetes Asem mit Gold oder Silber auflegiert. Eine dieser Gold-Asem-Legierungen ähnelt stark unserem heutigen „9-karätigen Gold" der Schmuckindustrie. Man kann sich leicht vorstellen, daß gutes Asem auch den Weg in die Steuerkassen der Römer gefunden haben mag.

Wichtig für uns ist der Umstand, daß offenbar mehrere Abschriften vom Original gemacht wurden. Der erst im 19. Jahrhundert aufgetauchte Papyrus enthält nämlich Rezepte, die in nahezu gleichlautender Form in metallurgischen Schriften des 7. und 8. Jh. n.Chr. auftauchen bis hin zu Theophilus De Diversis Artibus 1125 und zu Biringuchio und Agricola im 16. Jahrhundert. Der Weg der ägyptischen Fertigkeit bis in unsere Renaissance-Werkstätten mag tiefen Eindruck auf uns machen, wenn man sich die Ereignisse der dazwischenliegenden Jahrhunderte vor Augen hält.

VI. Eisen

Eisen ist das Massenmetall schlechthin. Um kein anderes Metall, nicht einmal um Gold, ranken sich so viele Mythen, Tabus, Flüche, Geheimnisse und Lobpreisungen wie um das Eisen. Aber Eisen hat nicht nur die Gemüter bewegt, es hat auch wie kein anderes Metall die technischen Fähigkeiten des Menschen gefordert.

Ob ein Stück Eisen nützlich oder unbrauchbar, wertvoll oder wertlos ist, hängt – und das ist das Besondere – ausschließlich vom Geschick und Können seines Herstellers und seines Verarbeiters ab, eine Behauptung, die man noch heute am Schicksal mancher Stahlwerkes vor Augen geführt bekommt. Diese Abhängigkeit des Wertes eines Metalles von menschlicher Kunstfertigkeit begleitet auch schon die allerersten Anfänge der Geschichte des Eisens.

Gewinnung und Verarbeitung von Eisen erfordern hohe Temperaturen und langdauernde Glühprozesse. Viele der Eigenschaften des Metalles lassen sich nur nach kräftiger mechanischer Verformung, die größere Proben, sowie Hammer und Amboß erfordern, vorführen. Wir können deshalb kaum Experimente machen, die sich mit den bisherigen bescheidenen Mitteln durchführen lassen.

Viele Einzelheiten der Eisentechnologie sind entdeckt, vergessen und wiederentdeckt worden, andere haben manche Kulturkreise gar nicht erreicht. Deshalb kann die folgende Darstellung weder vollständig noch systematisch lückenlos sein. Wir müssen uns auf herausgegriffene Einzelkapitel beschränken.

1 Die Anfänge

Gräber der El-Obeid-Kultur und Gräber aus Tell Halaf enthalten einzelne kleine Objekte aus Eisen mit einem Nickelgehalt von über 10%. Solche Artefakte aus dem 6. und 5. Jahrtausend sind damit eindeutig als Meteoriten-Eisen gekennzeichnet. Meteorite haben über Jahrtausende hinweg Eisen geliefert und in manchen Kulturen zu Namen wie „Metall des Himmels" und ähnlichen Bezeichnungen geführt. Meteoriten-Funde konnten natürlich niemals eine Technologie des Eisens oder gar eine „Eisenzeit" begründen.

Gediegenes Eisen irdischen Ursprungs, sogenanntes „tellurisches Eisen" ist aus Grönland bekannt, wo es bis in die Neuzeit von Eskimos zu einfachen Geräten verarbeitet wurde. Die geologischen Bedingungen für die Entstehung von tellurischem Eisen sind aber so anspruchsvoll, daß dieses Metall zu den großen Seltenheiten zu rechnen ist. Ein Lavastrom, mit seinem hohen Gehalt an Eisensilicaten, muß durch ein Kohlenlager brechen. Dabei kann der Eisengehalt der Lava stellenweise zu kleinen Eisenkörpern reduziert werden. Wenn die Decke der Lava dann noch den Zutritt von Luft und Wasser ausschließt, kann dieses Eisen über Millionen von Jahren erhalten bleiben. Eine Rolle in der Geschichte des Eisens haben solche Vorkommen nie gespielt.

Die ältesten bekanntgewordenen Reste von „mensch-gemachtem" Eisen stammen aus dem Zweistromland. In einem Grab von Tell Chagar Bazar (am nördlichen Ende des Belich, Nebenstrom des Euphrat) und in einem Präsargonidischen Tempel in Mari am mittleren Euphrat wurden Eisenbruchstücke gefunden, die laut Untersuchungen von Desch eindeutig nicht-meteoritschen Ursprungs sind. Diese Reste werden auf 3000 bis 2700 v. Chr. datiert. In Tell Asmar fand sich aus der gleichen Zeit die erste eiserne Waffe: Reste einer Dolchklinge in einem Griff aus Bronze, auch dieses Eisen ist laut Desch eindeutig terrestrischen Ursprungs. Bei dieser Klinge wurde bereits vermutet, daß sie aus dem Norden importiert sein könnte.

Wir haben gesehen, daß es am Anfang des dritten Jahrtausends an zahlreichen Stellen der damaligen Welt schon eine recht gut entwickelte Metallurgie gab. Man denke an die silbernen Beine des Bullen von Dschemdet Nasr und an die Kupferhütten im Wadi Araba. Besonders die Tatsache, daß in Timna schon seit langer Zeit Kupfer unter Zuhilfenahme einer aus Eisenoxiden und Sand künstlich hergestellten Schlacke erschmolzen wurde, läßt das Auftreten von ersten Eisengegenständen schon zu dieser Zeit förmlich erwarten. Es ist völlig außer Zweifel, daß bei der Verhüttung von Kupfererzen mit fayalitischen Schlacken hin und wieder auch metallisches Eisen entstanden sein muß. Eisenerz, Reduktionsmittel und Temperaturen

150

kamen in der richtigen Weise schon in diesen alten Öfen zusammen. Eisen als solches bedurfte gar keiner „neuen" Technik, es war als zufälliges Nebenprodukt der bereits bekannten Technik durchaus zu erwarten.

Unsere Frage muß lauten: Wie kommt es, daß Eisen zu dieser Zeit so spärlich auftritt, und warum dauert es noch mehr als ein Jahrtausend bis Eisen zu einem häufigeren Metall wird? Die Antwort liegt wahrscheinlich in den metallurgischen Besonderheiten dieses Metalls. Der Schmelzpunkt reinen Eisens liegt bei 1534 °C! Diese Temperatur wurde von den alten Öfen mit Sicherheit nie erreicht. Reines Eisen konnte daher nicht als Schmelze erhalten werden.

Andererseits schmilzt ein Eisen mit nur 4,3% Kohlenstoff schon bei rund 1150 °C, einer Temperatur, die auch die damaligen Öfen regelmäßig überschritten. Eisen mit so hohem Kohlenstoffgehalt ist aber sehr spröde und zerspringt beim ersten Hammerschlag. Ein solches Metall war damals sicher vollkommen unbrauchbar. Brauchbares Eisen im Sinne der damaligen Verarbeitungstechnik durfte nicht mehr als rund ein Prozent Kohlenstoff enthalten, was den Schmelzpunkt wieder auf über 1400 °C verlegt. Kupfer-Schmelzer haben gewiß gelegentlich ein Stückchen Eisen in ihrem Ofen gefunden, aber nur in den allerseltensten Fällen mag dieses Eisen irgendeiner Formgebung zugänglich gewesen sein. Neben der Versprödung durch Kohlenstoff gibt es eine Versprödung durch noch geringere Gehalte an Schwefel, der, wie ja die Timna-Analysen als Beispiel zeigen, stets gegenwärtig ist und das eventuell entstandene Eisen schon bei Konzentrationen unter einem Zehntel Prozent unbrauchbar macht.

Wir wollen festhalten, daß Eisen bei der Metallgewinnung des dritten vorchristlichen Jahrtausends zwar gelegentlich als Nebenprodukt aufgetreten sein muß, daß aber die Bedingungen zur Entstehung eines brauchbaren Eisens nur sehr selten durch Zufall erfüllt gewesen sein können. An diese Zeit des „Zufallseisens" schließt sich mehr als ein Jahrtausend, in dem man die Erzeugung des neuen Werkstoffes erlernte.

An der einen oder anderen Stelle mag ein geschickter Schmelzer gelegentlich versucht haben, der Entstehung dieses auffallenden Nebenproduktes nachzugehen. In den Jahrhunderten um 2000 v. Chr. scheinen mehrere solcher Versuche von Erfolg gekrönt worden zu sein. Eine Vielzahl von Archäologen vermuten das nördliche Anatolien und das armenische Bergland als die Heimat erster systematischer Eisenerzeugung. Schmuck und Zeremonialwaffen sind die ersten Produkte, wobei das Eisen zunächst die schmückende Rolle spielt, während die Funktion (Schärfe und Standfestigkeit) durch die Bronze getragen wird. Erst langsam kehrt sich das Verhältnis um, das Eisen wird funktionell und die Bronze kommt in die Rolle des Zierrats. Wesentliches in dieser Entwicklung haben die Hatti, die Vorläufer der Hethiter in der Zeit um 2000 v. Chr. geleistet.

Zur Entstehung einer Eisen-Metallurgie scheinen zwei Voraussetzungen notwendig zu sein: Das Vorhandensein einer bereits hochentwickelten Metallurgie sowie schwefel- und phosphor-freie Eisenerze. Diese Voraussetzungen trafen an mehreren Plätzen der alten Welt zusammen, nicht zuletzt auch in Europa und hier besonders im Norikum, aber auch im südlichen Skandinavien. In Skandinavien wurde zwar unseres Wissens Kupfer nicht erzeugt, aber reichlich verarbeitet, während gleichzeitig für eine frühe Technologie ausgezeichnet geeignete Raseneisenerze in Mengen und leicht zugänglich vorhanden waren. In der Tat gibt es Archäologen, die die Erfindung des Eisens in die Steirischen Alpen oder nach Nordeuropa verlegen.

Keiner dieser Versuche ist ohne gewichtige Gegenargumente geblieben, andererseits sagt Forbes auch: „*The claim of the ‚Caucasian‘ region* (nämlich als Wiege des Eisen) *is nothing but an epic tradition without tangible proof.*"

Erst auf die lange Lernperiode kann dann die eigentliche „Eisenzeit" folgen, für die Sir Childe als Kennzeichen fordert: „Die Eisenzeit bricht an, wenn Eisen für große und schwere Werkzeuge verwendet wird, wenn es also Bronze und Stein für schwere Arbeiten zu verdrängen beginnt. Dabei werden noch die Formen der Bronze- und Steinzeit imitiert, spezielle, in der Formgebung dem Eisen angepaßte Geräte treten zunächst nur selten auf".

Diese Definition einer Eisenzeit setzt die Beherrschung der gezielten Produktion als etwas in der Geschichte früher liegendes voraus, eben unsere „Lernperiode". Sie übersieht aber einen besonderen Umstand, auf den schon Forbes hingewiesen hat: Die Erfindung der Härtung des Eisens. Forbes meint sicher zu recht, daß das gewöhnliche schmiedbare Eisen zwar einen großen Herstellungsaufwand erfordert, aber in der Anfangszeit wegen seiner Weichheit eher ein enttäuschender Werkstoff gewesen sein mag. Eine aus dem neuen Material mühsam hergestellte Schneide hatte, solange man sie nicht härten konnte, eine geringe Standzeit und damit einen geringeren Gebrauchswert als das gleiche Gerät aus Bronze, welches man überdies viel leichter herstellen konnte.

Wir müssen also für die weitere Behandlung unseres Stoffes zwei Gebiete unterscheiden: Die Herstellung von schmiedbarem Roheisen und die Herstellung von härtbarem Stahl aus diesem Eisen. Beides erstreckt sich über Jahrtausende hin gemeinsam, so daß eine gewisse Willkür in der getrennten Darstellung liegt, die aber durch den Gewinn einer besseren Übersicht gerechtfertigt ist.

2 Das Rennfeuer

So unsicher wir über Ort und Zeit des Beginns der Eisengewinnung sind, so unumstritten ist das Verhüttungsverfahren, das „Rennfeuer". Vom frühen zweiten Jahrtausend vor Christus bis ans Ende des 18. Jahrhunderts unserer Zeitrechnung, ja, in Afrika bis in unsere Tage hinein, von Skandinavien bis nach Japan, wird schmiedbares Eisen im Rennfeuer gewonnen.

Ein einfacher, häufig in den Boden eingelassener Herd runder oder auch ovaler Form von einigen Dezimetern Durchmesser und ebensolcher Höhe, mit Holzkohle beheizt, liefert Temperaturen, die 1300 °C nicht übersteigen. In der Regel wird das Feuer mit Blasebälgen angefacht, aber auch Naturzug genügt in vielen Fällen. Der Ofen wird mit einem reinen oxidischen Eisenerz sowie Sand oder anderen Silicaten in Abwechslung mit Holzkohle beschickt. Sand und Eisenoxid bilden die uns bereits gut bekannte fayalitische Schlacke. Unter dem Schutz dieser Schlacke wird überschüssiges Eisenerz reduziert. Da die Temperaturen den Schmelzpunkt nicht erreichen, behält das gebildete Eisen zunächst annähernd die Form in der es als Erz eingebracht wurde. Ist die Schlacke genügend dünnflüssig, was neben der Temperatur auch von der Gangart des Erzes abhängt, können sich die gebildeten kleinen Eisenpartikel unten im Ofen langsam sammeln. Unter ihrem eigenen Gewicht sintern sie zu einem schwammigen, locker zusammenhängenden größeren Eisenkörper, der „Luppe". Um die teigige Luppe zu einer nutzbaren Größe wachsen zu lassen, muß man sehr viel Schlacke erzeugen, mehr als der einfache Herd zu fassen vermag. Man läßt daher die dünnflüssige Schlacke aus dem Ofen heraus-„rinnen", möglicherweise kommt daher die Bezeichnung „Rennfeuer".

Die chemischen Reaktionen bei der Reduktion der Eisenerze sind vielfältig. Zunächst werden Hydroxide und Carbonate des Eisens zu Fe_2O_3 oder Fe_3O_4 umgewandelt. Diese Reaktionen sind natürlich nur dann von Bedeutung, wenn Limonit (FeOOH), Raseneisenstein (FeOOH mit wechselndem Gehalt an H_2O) oder Spateisenstein ($FeCO_3$) als Erz eingesetzt werden. Hämatit (Fe_2O_3) oder gar Magnetit (Fe_3O_4) liegen ja schon als Oxid vor. Bei etwa 400 °C beginnt die sogenannte „indirekte" Reduktion, Reaktionen, die mit dem Kohlenmonoxid der Flammengase ablaufen, etwa nach folgendem Schema:

$$3\,Fe_2O_3 + CO \rightarrow 2\,Fe_3O_4 + CO_2$$
$$Fe_3O_4 + CO \rightarrow 3\,FeO + CO_2$$
$$FeO + CO \rightarrow Fe + CO_2$$

Diese Reaktionen verlaufen exotherm, also unter Wärmeentwicklung und verbrauchen keine Wärme außer der zum Anwärmen des Reaktionsgemisches erforderlichen. Diese indirekten Reaktionen zeichnen sich also durch geringe Ansprüche an die Feuerungstechnik aus und können gut die ältesten Reaktionen sein, die zur Herstellung von Eisen in einfachsten Öfen geführt haben. Andererseits war die Kunst des Ofenbaues zu Beginn der Eisenzeit soweit entwickelt – und für die Schlackenbildung im Rennfeuer auch notwendig – daß auch die von etwa 800 °C an ablaufenden „direkten Reaktionen", nämlich die Reduktion der Oxide unter der unmittelbaren Einwirkung der glühenden Kohlen, schematisch etwa in der folgenden Weise auftreten:

$$FeO + C \rightarrow Fe + CO$$
$$Fe_3O_4 + 4\,C \rightarrow 3\,Fe + 4\,CO$$

Ein flach gebauter Herd läßt einen großen Teil der Flammengase ungenützt entweichen, die indirekten Reaktionen treten in der Ausbeute gegenüber den direkten Reduktionen zurück.
Dadurch wird der Brennstoffverbrauch ziemlich groß und man muß bei niedrigen Herden 400 bis 500 kg Holzkohle auf 100 kg erzeugtes Eisen rechnen. Macht man den Herd höher, so daß eine bessere Reaktion mit den Flammengasen – eben schon bei niedriger Tempera-

tur - möglich wird, sinkt der Kohlenverbrauch je 100 kg Eisen auf rund 250, ja vielleicht sogar 200 kg.

Die Ausbeute an Eisen, bezogen auf den Eisengehalt des eingesetzten Erzes ist gering, der größte Teil läuft als FeO in der Schlacke davon. Überschlägig kann man mit rund einem Drittel Ausbeute – oder weniger – rechnen.

Diese auf den ersten Blick ungünstig erscheinende Ausbeute macht aber den eigentlichen Witz des Rennverfahrens aus, denn gerade durch die hohen Verluste mit der Schlacke entsteht überhaupt erst ein für die frühe Verarbeitungstechnik „brauchbares" das heißt schmiedbares Eisen!

Neben der Reduktion läuft nämlich in der Hitze eine weitere Reaktion ab, die „Aufkohlung". Dabei wird aus dem frisch gebildeten Eisen sowohl durch Kontakt mit CO während der indirekten Reduktion als auch durch Kontakt mit glühendem Kohlenstoff in der Zone der direkten Reduktion Eisencarbid gebildet:

$$3\,Fe + 2\,CO \rightarrow Fe_3C + CO_2$$
$$3\,Fe + C \rightarrow Fe_3C$$

Neben der Bildung von Eisencarbid, als Gefügebestandteil des Eisens auch „Zementit" genannt, wird Kohlenstoff auch direkt in Eisen – auch unterhalb des Schmelzpunktes – gelöst. Eisencarbid und gelöster Kohlenstoff bestimmen über Schmiedbarkeit und Härtung des Eisens.

Maximal können weniger als 2 Gewichtsprozent Kohlenstoff bei 1140 °C aufgelöst werden. Die feste Lösung von Kohlenstoff in Eisen wird „Austenit" genannt und spielt zusammen mit dem Zementit eine wesentliche Rolle bei der Härtung des Eisens.

Da nun ein Kohlenstoff-Gehalt des Eisens über 1,5% eine Bearbeitung durch Schmieden nicht mehr zuläßt, und das Material bei schlagartigen Belastungen bricht, kann man ein im Sinne der frühen Metallurgie brauchbares Eisen nur erhalten, wenn die Aufkohlung bei der Herstellung möglichst niedrig bleibt. Gut schmiedbar ist Eisen in einem Bereich von Null bis etwa 0,9% Kohlenstoff. Ab etwa 0,1% C kann man das Eisen härten, man spricht von *Stahl*. Diese Angaben mögen genügen, um auf die Wichtigkeit eines geringen Kohlenstoff-Gehaltes hinzuweisen. Im Feuer wird aber leicht viel mehr Kohlenstoff aufgenommen als die genannten Prozentzahlen.

Der Leser wird sich an die großen Anstrengungen erinnern, die heute nötig sind, um aus dem kohlenstoff-reichen Gußeisen Stahl zu gewinnen (Bessemer, Thomas, Blasstahl usw.). Das alte Rennfeuer enthält einen natürlichen Prozeß, der den Kohlenstoffgehalt im Eisen wieder auf geringe Werte verkleinert. Das FeO in der Schlacke verbrennt diesen Kohlenstoff nach der ersten der bei der direkten Reduktion angegebenen Gleichungen. Je nach Kontaktintensität der Schlacke mit der Luppe schwankt deren Kohlenstoffgehalt von praktisch Null bis über ein Prozent, wobei der Mittelwert zwischen 0,3 und 0,6% ein gutes Ergebnis darstellt.

Gerade durch die schlechte Ausbeute liefert das Rennfeuer ein qualitativ hochwertiges Eisen mit niedrigem Kohlenstoff-Gehalt. Eine weitere günstige Nebenreaktion bewirkt eine teilweise Verschlakkung von Phosphor nach:

$$8\,FeO + 2\,Fe_3P \rightarrow 11\,Fe + 3\,FeO \cdot P_2O_5$$

Auch diese Reaktion trägt erheblich zur Qualitätsverbesserung bei, ohne daß ein besonderer Erkenntnisakt erforderlich wäre.

Um die Mitte des letzten Jahrtausends v. Chr. kommt eine ungeheure Entwicklung in Gang, Gewaltige Heere kämpfen, riesige Flotten werden gebaut und vernichtet und weite Seereisen werden unternommen. Als Stichworte mögen genügen: Der lange Kampf der Perser und der Griechen, die babylonische Eroberung Palästinas, die phönikisch-karthagische Kolonisation Spaniens, die Seereisen der Karthager nach England und im Atlantik, die Eroberung Ägyptens durch die Perser, die Phalanx Philips des II., das Aufkommen der schweren römischen Legionen, Züge Alexanders und schließlich die punischen Kriege. Alle diese Ereignisse verlangen und bekommen Eisen für Waffen und Werkzeug in kaum abschätzbaren Mengen. Eine einzige römische Legion mit 6000 Männern mag zwischen 3 und 5 kg Eisen pro Mann nur für die Bewaffnung benötigt haben, rechnet man noch Werkzeug und Schanzgeräte hinzu, ergeben sich Eisenmengen zwischen 20 und 30 Tonnen für eine schwerbewaffnete Legion. Tausende von Rennfeuern müssen in aller Welt gebrannt haben, um diese neuen Bedürfnisse zu befriedigen, denn nicht nur Waffen und Werkzeuge wurden in ständig steigendem Maße aus Eisen hergestellt, auch die Steine von Tempeln und Befestigungsmauern wurden durch eiserne Klammern gesichert, Achsen für Wagen und Kräne hergestellt und eine unübersehbare Menge von Pflugscharen und Sicheln gefertigt. Es überrascht also nicht, wenn man überall in der damaligen Welt auf Spuren des Eisenbergbaues, der Rennfeuer und der Schmieden trifft. Bemerkenswerte Funde sind im letzten Jahrzehnt aus Ländern nördlich des Limes, nämlich aus Schleswig-Holstein und aus Polen zu Tage getreten. Diese Funde und die Ausgrabung römischer Hütten in den rheinischen Provinzen geben uns ein sehr vollständiges Bild der Eisentechnik jener Tage. Ergänzt wird dieses Bild durch reizvolle ethnographische Vergleichsmöglichkeiten:

Bis in unsere Tage hinein haben mehrere afrikanische Stämme ihr Eisen in Rennfeuern hergestellt, die denen des Altertums nahe stehen und in Japan werden noch heute in bewußter Pflege der Tradition gelegentlich Rennfeuer betrieben und Schwerter nach altem Brauch geschmiedet.

Raseneisenerz und Eisenschlackenfunde sind auch aus Schleswig-Holstein bekannt. Seit dem zweiten vorchristlichen Jahrhundert ist hier immer wieder Eisen erzeugt worden. Die Hauptgebiete aus frühgeschichtlicher Zeit liegen im oberen Gebiet der Alster, um die Stadt Neumünster, südlich von Rendsburg und Süderschmedeby bei Flensburg. Bei trockenem Untergrund wurde über einem etwa 60 cm tiefen und weiten Loch ein Schacht aus Lehm von etwa einem Meter Höhe errichtet. Luftlöcher etwa 10 cm über dem Boden sorgten für ausreichenden Zug. Man vermutet, daß Blasebälge nicht verwendet wurden. Der Schacht eines solchen Ofens konnte restauriert werden. Die Abbildung dieses Schachtes (Abb. 43) entspricht den Rennöfen der Bäle, einem Stamm im Tschad, bei dem Peter Fuchs noch 1953 solche Rennöfen in Betrieb beobachten konnte. Aufgabe der Öfen und ihre Konstruktion sind so nahezu identisch, daß man den von Fuchs genau aufgezeichneten Arbeitsgang bei den Bäle ohne weiteres als Modell für die frühgeschichtlichen Vorgänge bei der Eisenbereitung übernehmen kann.

An vielen Stellen haben Wissenschaftler in rekonstruierten Rennöfen Eisen erschmolzen und dabei ein recht genaues Bild jener Technik erhalten. Das Beispiel aus Afrika wurde hier gewählt, weil der Prozeß in diesem Falle nicht rekonstruiert, sondern von Original-Schmelzern, also auf höchst authentische Weise, vorgeführt wurde.

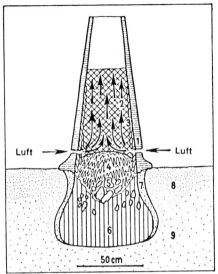

Abb. 42. Rekonstruktion eines Rennfeuer-Ofens aus Schleswig-Holstein (nach H. Hingst)
1 Ofenmantel, *2* Gemenge aus Holzkohle, Eisenschlacke und Erz, *3* Mantelschlacke, *4* Ofensau mit eingeschlossenen Eisenstücken, *5, 6* Holzkohle mit Schlackenstücken durchsetzt, *7* ausgeglühter Sand, *8, 9* anstehender Sand, bei 8 stark podsoliert

Abb. 43. Teilweise restaurierter Schacht eines Rennfeuer-Ofens aus Scharmbeck, Kreis Harburg (nach Wegewitz)

Personal: Ein „Schmied", zwei ständige Gehilfen und einige Männer für den Betrieb der Blasebälge.

1. Tag: Anreise und Erzgewinnung, Roteisenstein, Arbeitszeit etwa 1 Stunde.
2. Tag: Herstellung der benötigten Holzkohle
3. Tag: Herstellung von Holzkohle und Bau der Ofengrube
4. Tag: Bereiten von Lehm und Bau der Schachtmauer bis etwa Kniehöhe
5. Tag: Fertigstellung der Schachtmauer und Herstellung von Düsen und Blasebälgen (Schläuche aus Tierhäuten)
6. Tag: Arbeit an den Blasebälgen und Transport der Holzkohle zum Ofen
7. Tag: Um den Ofen wird ein Stützgerüst aus Holz und Lianen errichtet. Am Nachmittag wird ein Grasfeuer im Ofen entzündet, entstehende Risse im Lehm des Schachtes werden ausgebessert. Nach einer halben Stunde Brenndauer wird die erste Holzkohle eingefüllt, nach weiteren 20 Minuten wird der Ofen mit einer ersten Schicht Erz beschickt, darauf folgt eine Lage Holzkohle, an jede der vier Düsen wird ein Blasebalg angeschlossen und in seiner Lage mit Steinen fixiert. Etwa eine Stunde nach dem ersten Zünden werden die Bälge in Betrieb genommen. Vier Männer arbeiten an den Bälgen. Von nun an werden Holzkohle und Erz in Lagen nachgefüllt, sobald der Ofenschacht etwa zur Hälfte leergeworden ist. Dies wird etwa 2 Stunden fortgesetzt. Weitere zwei Stunden wird in steigendem Maße unter Singen und anfeuernden Rufen der Umstehenden an den Gebläsen gearbeitet. Schließlich, 5½ Stunden nach dem Anzünden wird die Arbeit eingestellt und die Gebläse werden abgebaut. Der Ofen wird durch eine seitliche Grube mit einer Hebelstange aufgebrochen und die heiße Luppe herausgezogen.
8. Tag: Die abgekühlte Luppe wird zerschlagen und das Eisen aussortiert. Es wird in dieser Form aufbewahrt und erst bei weiterer Verarbeitung durch Ausschmieden gereinigt.

Bleibt noch ein weiteres Beispiel frühgeschichtlicher Großindustrie zu erwähnen: Die Eisenhütten im Weichselbogen. Hier hat anfangs der siebziger Jahre die systematische Erforschung eines Bergbau- und Hüttengebietes begonnen, das laut ^{14}C-Datierung zwischen 150 vor und 150 nach Christus seine höchste Betriebsintensität gehabt haben muß. Das Gebiet erstreckt sich von wenigen Kilometern westlich Warschau bis in das Bergland östlich Kielce. Konzentriert auf mehrer Zentren in diesem Gebiet rechnet man mit einer Gesamtzahl von vorhandenen Öfen in der Größenordnung von 100 000 bis 200 000. Die Reste dieser Öfen zeigen zwei verschiedene Werk-statt-Typen an, nämlich die sog. „geordnete" Werkstatt mit bis zu 100 regelmäßig angeordneten Öfen und die kleinere „ungeordnete" Werkstatt. Das Ausmaß dieser alten Betriebe wird deutlich, wenn man erfährt, daß die alten Schlacken wegen ihres hohen Eisenge-haltes an Hüttenwerke unserer Zeit verkauft wurden und daß ein einziges dieser Werke mehr als 100 000 Tonnen solcher Schlacken verarbeitet hat.

Eine „ungeordnete" Werkstatt hat im Schnitt 18 Öfen, mit denen sie 3,8 t Erz und ca. 4 t Holzkohle zu ca. 360 kg Eisen verarbeitet. Eine geordnete Werkstatt mit durchschnittlich 95 Öfen soll etwa 19 t Erz, 20 t Kohle für ein Ergebnis von nahezu 2 t Eisen verbraucht haben. Rechnet man für ein Schwert 1,8 kg, für eine größere Pflugschar 1,5 kg, so entspricht die Produktion einer „ungeordneten" Werkstatt etwa 250 Pflugscharen, die einer geordneten Werkstatt etwa 1000 Schwertern. Das Zentrum bei Warschau allein hat etwa 54 000 t Erz, über 60 000 t Kohle verbraucht und etwa 3800 bis 5400 t Eisen abge-setzt.

Die aus dem germanischen und polnischen Raum beschriebenen Rennfeuer sind späte Vertreter ihrer Art. Vor 1200 v. Chr. gab es schon Rennfeuer auch außerhalb des anatolischen Bereiches, so in Nevigata bei Manfredonia in Apulien und wahrscheinlich sogar auf Bornholm und Seeland. Auf die Eisenindustrie der Etrusker, der Hallstatt-Leute und der Kelten, die überall Rennfeuer verwendeten, kommen wir bei der Härtung des Eisens noch genauer zu sprechen. Auch ein in Ur III gefundener Ofen wird schon als Rennfeuer ge-deutet.

Der folgende Versuch soll wichtiges zeigen, nämlich die Leichtig-keit, mit der Eisen aus den am weitesten verbreiteten Erzen gewon-nen werden kann. Wer in einer Gegend mit größeren Vorkommen von Sandstein lebt, kennt sicher die braunen Ausscheidungen von Eisen, die häufig eine Wabenstruktur an senkrechten Wänden be-gleiten. Raseneisenstein findet sich an vielen Stellen in Nord-deutschland und in anderen Gegenden wird man vielleicht eine Quelle mit starkem braunen Rostansatz kennen. Alle diese „Eisen-vorkommen" lassen sich in unserem Versuch verwenden. So haben auch die Alten die verschiedensten Vorkommen verhüttet. Man darf aber nicht übersehen, daß man zwar alle solche Vorkommen ver-werten kann, daß aber die Eigenschaften des erzeugten Eisens sehr

160

durch zufällige Gehalte an Nebenbestandteilen wie dem häufigen Mangan in ihren Eigenschaften mit beeinflußt werden.

Versuch 28: Das Rennfeuer

Aus Raseneisen-Erz und Limonit erhält man vor dem Lötrohr mit der reduzierenden Flamme sehr leicht winzige Eisenpartikelchen, die vom Magneten angezogen werden.

Etwas aufwendiger, aber lohnend ist der Versuch, ein richtiges Rennfeuer im Kleinen zu betreiben. Man benötigt zunächst einen etwas größeren Ofen. Einen solchen kann man, wie in der Grundanleitung beschrieben, aus gebohrten Schamotteplatten aufbauen. Gute Dienste liefert auch eine schmale Konservendose, etwa von Fertigsuppen, die man mit Ton auskleidet. In jedem Falle sollte die Ofenbohrung nicht kleiner als 5 cm im Durchmesser und etwa 8 cm hoch sein. Rund 2 cm über dem tiefsten Punkte des Brennraumes macht man seitlich ein Loch von knapp einem Zentimeter Durchmesser, das für das Windrohr bestimmt ist. Hierfür nimmt man ein kurzes Stück Eisenrohr von 3 bis 4 mm innere Weite und etwa 10 cm Länge, das lose in das Windloch paßt. Den erforderlichen Wind kann man mit einem Camping-Blasebalg erzeugen, bessere Dienste leistet eine Aquarienpumpe.

Man bereitet nun etwa einen Liter kleinstückige Holzkohle vor, indem man die grobstückige Grillkohle in einem Beutel mit dem Hammer kleinschlägt und nur Körner von 2 bis 3 mm Durchmesser ausliest. Man weiß aus der Technik, daß eine Kohlenschüttung etwa 10 bis 12 Korndurchmesser von der Luftdüse entfernt die heißesten Temperaturen erreicht, eine Dimensionierungsfrage, die übrigens bei den meisten vor- und frühgeschichtlichen Öfen bekannt gewesen sein muß. Kleinere Stücke in unserem Ofen verstopfen zu leicht den Luftzug, größere lenken zu stark ab. Wir füllen den ganzen Ofen mit Kohle, zunächst ohne Erz. Das Anzünden geschieht am Besten durch das Luftloch mit dem Butan-Gebläse.

Sobald die ersten Kohlen Feuer gefangen haben, wird das Gebläse durch das eiserne Windrohr ersetzt und vorsichtig geblasen. Nach wenigen Minuten ist das Feuer in Gang. Nun muß man eine längere Zeit unter ständigem Nachlegen von Kohle ein möglichst starkes Feuer unterhalten, damit auch die Wände des Ofens eine hohe Temperatur annehmen. Je nach Größe der Kohlenstücke und Intensität des Windes ist das nach 15 bis 30 Minuten erreicht. Nun legt man eine erste Schicht Erz auf die Kohlen. Besonders empfehlenswert ist trockener Raseneisenstein, oder die eisenfarbigen Inkrustationen in manchen Sandsteinen, da sie von Natur aus eine reichliche Menge Kieselsäure mitbringen. Ist das Erz (Körnung wie die Kohle) etwa bis in die Mitte des Ofens abgesunken, wird der Ofen wieder mit Kohle nachgefüllt, darauf wieder Erz, wieder Kohle usw. Etwa 5 Lagen Erz von ca. 3 mm Höhe genügen für den Versuch. Ist das letzte Erz im Ofen abgesunken, betreibt man das Feuer noch etwa 20 Minuten weiter, wobei man versucht, ständig eine möglichst hohe Temperatur zu erhalten.

Zum Schluß läßt man den Ofen erkalten, räumt alles aus und schlämmt mit viel Wasser.

Der Rückstand enthält, wenn alles richtig abgelaufen ist, mehrere deutlich zusammenlaufende traubenförmige Schlackenfladen von schwarzer Farbe mit glasig-blasiger Struktur, in die deutlich erkennbare Eisenteilchen eingelagert sind. An manchen Stücken kann man nach dem Zerschlagen sehr schön sehen, wie der im Erz enthaltene Sand unter der Wirkung des Eisenoxids zusammengesintert ist, bevor sich der schwarze Fayalith gebildet hat.

Leider gelingt es nicht, die erhaltenen Eisenbrocken zu einem größeren Stück zusammenzuschmieden. Das ist eine Folge der Kleinheit unserer Proben. Das Schmieden müßte nämlich bei nahezu Weißglut erfolgen und unsere kleinen Stücke halten die Wärme einfach nicht lange genug, um auf einem Amboß einen Schlag auf hellglühendes Material zu führen. Bei den faustgroßen Stücken aus einem echten Rennfeuer dagegen ist dies leicht möglich. Unsere Proben zerfallen unter dem Hammer zu einem Eisenpulver. Dies liegt nicht etwa daran, daß unser Eisen nicht schmiedbar wäre, sondern daran, daß die noch im Eisen eingeschlossenen Schlacken unterhalb ihres Schmelzpunktes beim Hammerschlag das Eisen zerreißen.

3 Stahl

Stahl ist ein Eisen mit besonderen Eigenschaften. Die wichtigste Eigenschaft ist die Härtbarkeit, also die Existenz von zwei Zuständen, nämlich eines weichen Zustandes, in dem sich das Eisen bearbeiten läßt und eines zweiten, wesentlich härteren Zustandes, der eine große Standfestigkeit einmal hergestellter scharfer Schneiden gewährleistet. Im harten Zustand ist Stahl höchstens noch durch Schleifen zu bearbeiten. Der praktische Wert des Eisens wird ganz wesentlich durch seine Härtbarkeit bestimmt.

Ob ein Eisen härtbar, also als „Stahl" zu bezeichnen ist, hängt heute wie früher in erster Linie von seinem Gehalt an Kohlenstoff ab. Nur in einem engen Konzentrations-Intervall von etwa 0,5 bis höchsten 1,5 Gewichts-Prozenten Kohlenstoff hat Eisen die Eigenschaft, ein guter Stahl zu sein. Solche geringen Gehalte waren in der Frühzeit, ohne wissenschaftliche Analytik, nur sehr schwer einzustellen. Um die unglaubliche Menge von Tricks, Künsten und Verfahren zu begreifen, die sich um dieses Problem entwickelt haben, ist es unerläßlich, sich zunächst mit dem Zustandsdiagramm des Systems Eisen-Kohlenstoff zu befassen, aus dem sich dann eine gewisse Einsicht in das Wie und Warum der einen oder anderen alten Technik ergibt. Nicht vergessen darf man dabei, daß dieses Zustandsdiagramm erst in unserem Jahrhundert befriedigend erforscht wurde, daß also alle die großen Leistungen der Stahlhersteller bis in unsere Zeit hinein rein empirische Hochleistungen von Naturbeobachtung und -beeinflussung darstellen.

Für unseren Zweck genügt das etwas vereinfachte Diagramm der Abb. 44.

Reines Eisen – die linke Ordinate des Bildes – hat von tiefen Temperaturen bis hinauf zu 906 °C eine kubisch-raumzentrierte Struktur, d. h. die Atome sind in den Ecken eines Würfels angeordnet und ein weiteres Atom sitzt genau in der Mitte dieses Elementarwürfels. Diese Form des Eisens wird als α-Eisen bezeichnet.

Bei 906 °C ordnen sich die Atome des Eisens unter dem Einfluß der Wärmebewegung so um, daß zwar wieder an jeder Ecke eines Würfels ein Eisenatom sitzt, aber auch gleichzeitig eines in der Mitte jeder Würfelfläche, während das Innere des Elementarwürfels kein Atom mehr enthält. Dieses kubisch-flächenzentrierte Eisen wird γ-Eisen genannt. Erwärmt man das Eisen weiter, so entsteht oberhalb 1400 °C wieder eine neue, raumzentrierte Struktur, die für unsere Fragestellung aber ohne Bedeutung ist. Die Komplikationen treten auf, wenn dem reinen Eisen Kohlenstoff zugemischt wird. Das Radienverhältnis der Kohlenstoff- zu den Eisenatomen (0,6) ist gerade so groß, daß sowohl eine feste Lösung gebildet werden kann, bei der also der Kohlenstoff in Hohlräume des Eisengitters statistisch eingebaut ist, als auch schon das Auftreten des Eisencarbids Fe_3C,

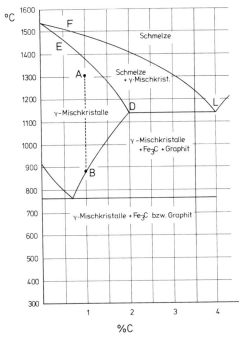

Abb. 44. Vereinfachtes Zustandsdiagramm des Systems Eisen-Kohlenstoff. Man lese die Zeile bei 700 °C richtig: α-Eisen + Fe$_3$C bzw. Graphit

„Zementit" energetisch möglich wird. Je nach Kohlenstoffgehalt und Wärmebehandlung können also eine feste Lösung, Zementit oder auch reiner Kohlenstoff in Form von Graphit nebeneinander im Eisen vorliegen. Das Diagramm zeigt die jeweiligen Verhältnisse durch die eingetragenen Felder an. γ-Eisen kann bis zu 1,7% Kohlenstoff lösen (bei 1145°C). Diese Lösung von Kohlenstoff in γ-Eisen nennt man „Austenit". α-Eisen dagegen kann nur Spuren von Kohlenstoff lösen, da im Inneren des Elementarwürfels ja schon ein Eisenatom sitzt. α-Eisen mit spurenweise gelöstem Kohlenstoff, wird auch „Ferrit" genannt.

Im Rennfeuer entsteht weges des hohen Oxid-Überschusses der Schlacke ein relativ kohlenstoff-armes Eisen. Die Luppe ist natürlich nicht einheitlich, sondern enthält viele Stückchen mit verschiedenen Gehalten nebeneinander. Betrachten wir zunächst ein Stück mit einem angenommenen Gehalt von 1% Kohlenstoff und fangen bei rund 1300°C – einer für die Erzielung einer dünnflüssigen Schlacke günstigen Temperatur – mit unserer Betrachtung an. Der Punkt A im Diagramm möge ein solches Rennfeuer-Eisen bei seiner Entstehung oder bei einer zum Schmieden erzeugten Temperatur heller Weißglut darstellen.

Kühlt das Eisen langsam ab, so daß sich alle Umlagerungen bis zum Gleichgewicht vollziehen können, folgt unser Eisen vom Punkt A bis zum Punkt B dem eingezeichneten Pfad, nichts geschieht zunächst außer einer einfachen Abkühlung. Am Punkt B jedoch vermag das γ-Eisen nicht mehr allen Kohlenstoff in Lösung zu halten. Es scheiden sich das Carbid „Zementit" und auch Graphit aus. Dadurch verarmt die γ-Phase etwas an Kohlenstoff und das System bewegt sich auf den Punkt C zu. An diesem Punkt wandelt sich das γ-Eisen in das α-Eisen um, und es entsteht eine eutektische Mischung von 12% des sehr harten Zementits, eingebettet in weiches α-Eisen. Diese Mischung nennt man „Perlit". Unterhalb der durch C gehenden horizontalen Geraden sind *alle* Mischkristalle in Perlit und weichen Ferrit zerfallen. Solches, langsam abgekühltes Eisen ist wegen seines Ferrit-Anteiles weich und schmiedbar, solange nicht der Anteil des harten und spröden Zementits zu groß wird. (1,6% Kohlenstoff entsprechen bereits einem Anteil von 25% Zementit, was ungefähr die Grenze der Schmiedbarkeit darstellt).

Noch heute wirft der Schmied ein fertiges Werkstück, an dem noch gebohrt oder gefeilt werden soll, auf den Holzfußboden der Schmiede, damit das Stück langsam auskühlen kann und nicht hart wird.

Gehen wir jetzt wieder von einem Eisen der Zusammensetzung A aus, lassen aber nicht langsam abkühlen, sondern schrecken das Eisen durch Eintauchen in Wasser ab, so hat das System keine Zeit die vorhin beschriebenen Ausscheidungen vorzunehmen.

Der Zerfall der Austenit-Phase in α-Eisen und Zementit unterbleibt. Es muß ein α-Eisen entstehen, welches, weil der vom Austenit mitgebrachte Kohlenstoff weder ausgeschieden noch gelöst werden kann, im Aufbau seines Gitters durch die überschüssigen Kohlenstoff-Atome gestört und stark verspannt ist. Diese inneren Spannungen bewirken eine starke Verfestigung bzw. Härtung des Stahles.

Schlägt man einen solchen gehärteten Stahl mit dem Hammer, kann die Summe aus der inneren Spannung des Metallgitters und der durch den Schlag bewirkten äußeren Spannungen die Festigkeit des

Metalles übertreffen, das Eisen bricht. Gehärteter Stahl ist also nicht mehr (kalt) schmiedbar, er ist spröde. Die abgeschreckte Phase hat im Mikroskop eine charakteristische nadelartige Struktur, die „Martensit" genannt wird. Die Abschreck-Härte nimmt mit steigendem Kohlenstoffgehalt zu bis schließlich bei 0,8% C ein strukturloser Martensit größter Härte erhalten wird.

Unser bisher betrachtetes Beispiel, das Stückchen Luppe mit der Zusammensetzung A im Diagramm hätte also ein nahezu ideal hartes Stück Stahl ergeben, wenn der Schmied eine daraus hergestellte Klinge zum Schluß der Verformung nochmals auf etwa 1000 °C erhitzt und dann, zum Beispiel mit kaltem Wasser, abgeschreckt hätte. Allerdings wäre diese Klinge sehr leicht zerbrochen. Eine weniger zerbrechliche Klinge aus demselben Eisen kann man mit einem Kunstgriff erhalten: Man taucht die glühende Klinge nur ganz kurz in das Wasser, damit nur die äußere Schicht des Werkstückes abgeschreckt wird, der weiter innen liegende Stahl jedoch langsamer abkühlt. Auf diese Weise kann ein weich und zäh bleibender Kern im Inneren der Klinge höhere mechanische Belastungen auffangen, während die äußere Schicht die für eine gute Schneidwirkung erforderliche Härte erhält. Der Leser, dem die Sache jetzt schon kompliziert erscheint, möge sich durch die Überlegung, daß die geschilderten Kunststücke rund dreieinhalb Jahrtausende alt sind, neu motivieren lassen; es kommt nämlich noch viel Komplizierteres.

Die geschilderte Oberflächenhärtung mit flüssigem Wasser ist sehr schwierig durchzuführen, weil das Wasser die Wärme zu schnell aus dem Werkstück aufnimmt. Der Vorgang läßt sich besser dosieren, wenn man das Wasser „dicker" macht und so den Wärmeübergang etwas verlangsamt. Nasser Sand, Schlamm, eingemischte Sägespäne und Ähnliches haben zu einer endlosen Kette von Werkstattgeheimnissen geführt, die ihrerseits zu einer nicht minder langen Kette von Fehlinterpretationen führten, da man ja den naturwissenschaftlichen Inhalt des Vorganges nicht kannte. Auch der Verruf des Schmiedes als Zauberer mag hier einen seiner Ursprünge haben. Haarsträubend, aber möglicherweise wahr, ist ein Rezept, das den Sarazenen nachgesagt wird: Man nehme einen fetten Sklaven und schrecke den Stahl des hellglühenden Schwertes dadurch ab, daß man es flach durch den Bauchspeck sticht. Angeblich kann ein einziger Sklave bei guter Ernährung und Pflege mehr als 20 ausgezeichnete Schwerter liefern, da bei genügender Dicke der Speckschicht eine Verletzung der Bauchhöhle vermieden werden kann. Vielleicht, oder sogar wahrscheinlich, sind diejenigen Härtevorschriften, die eine Aufschwemmung von Fett und Leder in Wasser empfehlen, eine verbilligte Ausgabe des Original-Rezeptes.

Das Rennfeuer liefert in einem einzigen Arbeitsgang natürlich nicht nur Eisen der von uns angenommenen Zusammensetzung des Punktes A, sondern im Prinzip kann jedes Stückchen der Luppe einen anderen Kohlenstoff-Gehalt, also andere Eigenschaften aufweisen. Häufig liegt der Kohlenstoff-Gehalt um oder unter 0,2% und das Erzeugnis läßt sich nicht ausreichend härten. Andere Stücke können aber, vor allem wenn die Temperatur stellenweise sehr hoch und die Verweilzeit recht lang war, besonders wenn wenig Schlacke auf das Stück einwirkte, auch stärker aufgekohlt sein. Im Gebiet rechts und oberhalb des Punktes D im Diagramm existieren eine kohlenstoffreiche Schmelze und Austenit nebeneinander mit Zusammensetzungen, die sich aus den Begrenzungskurven D–E und L–F ergeben, wenn man eine Horizontale bei der jeweiligen Temperatur durch das Diagramm legt. Tatsächlich findet man, vor allem in den afrikanischen Rennfeuern gelegentlich tränenförmig erstarrtes, offensichtlich geschmolzenes Eisen, was eben keineswegs heißen muß, daß das Feuer den Schmelzpunkt des Reineisens von über 1500 °C erreicht hat.

Die älteste und einfachste Methode, dieses breite Spektrum von Eigenschaften einer einzigen Schmelze zu homogenisieren, ist eine lange Glühbehandlung der möglichst klein geschlagenen Luppe, da sich dabei die unterschiedlichen Kohlenstoff-Gehalte etwas ausgleichen können.

Man findet sowohl bei den Hethitern als auch bei den polnischen Werkstätten der späten Latène-Zeit Öfen, die offensichtlich einer Glühbehandlung der Luppen gedient haben. Auch die Neger unseres Jahrhunderts kannten die Notwendigkeit einer ausgleichenden Glühbehandlung.

Die Hethiter sollen aber noch einen weitergehenden Schritt zur Erzielung zuverlässigen Stahles erfunden haben, einen Prozeß, den man heute als „Einsatz-Härtung" bezeichnet und der auch von den Römern nach der Zeitenwende viel angewendet worden ist. Es handelt sich um ein langdauerndes Glühen von Eisenstücken niedrigen Kohlenstoffgehaltes in einem Tiegel oder Kasten aus gebranntem Ton, der mit Kohlepulver dicht gestopft und luftdicht verschlossen wurde. Diesen Prozeß können wir aus dem bisher gesagten ohne weiteres verstehen: Hier wurde Eisen aus dem Rennfeuer, welches bei der Verarbeitung zu weich blieb, nachträglich aufgekohlt. Zwei Vorteile bietet dieses bis heute unvergessene Verfahren: Man kann ein fertiges Werkstück noch härtbar machen, also die in ein zu weiches Stück gesteckte Arbeit retten. Wichtiger ist die Möglichkeit, Kohlenstoff nur in die äußeren Schichten eindiffundieren zu lassen, so daß sich nur diese beim Abschrecken aushärten und der innere Teil des Werkstückes seine Zähigkeit behält. Es leuchtet sofort ein, daß hier ein wesentlich besseres und reproduzierbareres Verfahren vorliegt, als bei den oben beschriebenen Härteverfahren an homogen hochkohligen Stählen.

Sich in dieser verwirrenden Vielfalt von Möglichkeiten als erste empirisch zurechtgefunden zu haben, ist die ganz große Leistung der Hethiter, wobei ihnen sicher ihre große Erfahrung mit der Bronze zugute gekommen ist. Wir erinnern uns an die Komplikationen bei der Besprechung des Zustandsdiagrammes der Zinnbronze. Die Wärmebehandlung mußte dort zwar völlig anders geführt werden, wer aber einmal weiß, daß Metalle ihre Eigenschaften durch Glühen und Abschrecken ändern und die elementaren Techniken kennt, ist wohl mit einigem Rüstzeug versehen, um auch ein neues Material beherrschen zu lernen.

Nun einige Blicke in die Geschichte des Eisens. Die Hethiter haben vielleicht das Rennfeuer, sicher aber das Abschrecken und die Erzeugung von Eisen mit einem gezielten Kohlenstoff-Gehalt als erste um 1400 v. Chr. erfunden und rund 200 Jahre ein Monopol darauf besessen. Man rechnet das „Neu-Hethitische Weltreich" ab 1400 v. Chr. Es ist durch eine auffallende militärische Aktivität gekennzeichnet, deren Erfolge selbst der damaligen Großmacht, den Ägyptern, zu schaffen machten. Nach wilden Kriegen und Schlachten wurde schließlich ein „Ewiger Vertrag" geschlossen (Hattusilis III und Ramses III, 1265 v. Chr.), in dem die hethitische Einflußgrenze weit ins syrisch-libanesische Gebiet vorverlegt wurde.

An dieser Grenze standen sich aber nicht nur militärische Mächte gegenüber, auch Technik wurde ausgetauscht. In einem ägyptisch-hethitischen Grenzposten ist um 1200 v. Chr. Eisen ein gewöhnliches Metall, und das 12. Jahrhundert bringt in diesem Grenzposten auch große und grobe Werkzeuge für schwere Arbeit, Hacken, Hauen, Pickel und Pflugscharen mit Stückgewichten über 3 kg zustande.

Große Schmiede- und Härteöfen wurden ebenfalls gefunden. Hier ist also lokal die Eisenzeit auch für eine ägyptische Garnison angesprochen. Erstaunlich ist, daß die Ägypter diese Künste nicht oder nur wenig angenommen haben, noch im 8. Jahrhundert v.Chr. werden in Ägypten eiserne, härtbare Geräte von fremden Experten angefertigt.

Nach dem Erfolg schwächten Intrigen und innere Unruhen die hethitische Macht und das Reich wurde eine Beute der Seevölker. Über diese wissen wir nicht viel, sie waren wohl Teil einer ganzen Völkerwanderung, die sich zu Lande und zu Wasser um 1200 v.Chr. von Norden nach Süden bewegte und alles unter sich begrub. Erst der bereits erwähnte Ramses III. konnte ihrem Vordringen in einer Schlacht im Nildelta ein Ende setzen. Große Wandbilder in Medinet Habu schildern die Entscheidungsschlacht. Die Philister der Bibel sind ein Stamm aus dieser Völkerwanderung, sie waren gefürchtet wegen ihrer eisernen Waffen. Die blutige Entwicklung dieser Jahre hatte einen bedeutsamen Einfluß auf die Verbreitung der Technologie des Eisens.

Seit dem Zusammenbruch des hethitischen Reiches ziehen wandernde Schmiede durch die damalige Welt, fertigen stählerne Waffen und verdingen sich als Experten, wo immer man sie braucht. Ein anderes Volk wandert aus Kleinasien auf dem Seewege aus und konsolidiert sich kurz nach 800 v.Chr. an der Küste der Toskana; die Etrusker erscheinen in der Weltgeschichte. Ihre frühen Gräber haben kleinasiatische Formen, die in Italien unbekannt sind, und sie bringen die Kenntnis von Bergbau und Metallurgie in einer neuen, hochentwickelten Form nach Italien. Sie bauen Eisenerz auf Elba ab und verhütten es auf dem gegenüberliegenden Festland bei Populonia.

Ein Blick für das Ausmaß der etruskischen Eisengewinnung vermittelt besser als alle Zahlen die Tatsache, daß man in Italien in den Weltkriegen unseres Jahrhunderts begonnen hat, die Schlacken der etruskischen Eisenwerke wieder abzubauen und als hochwertiges Eisenerz erneut der Industrie zuzuführen.

Rom, als etruskische Gründung im achten Jahrhundert v.Chr. entstanden, blüht bald auf und gerät in Kriege mit anderen Städten der Etrusker. Die Bedeutung, die man dem Eisen in der Mitte des ersten Jahrtausends zumaß, kommt in einer Episode aus Herodot zum Ausdruck:

Der etruskische König Porsenna hat um 500 v. Chr. Rom besiegt und vermutlich auch besetzt. Es wird ein Friedensvertrag geschlossen. Wichtiger Teil dieses Vertrages ist ein Verbot der Eisenverwendung. Ausgenommen hiervon sind nur Pflugscharen. Die römische Sitte, zum Schreiben Griffel aus Bein zu nehmen, soll auf dieses Verbot zurückgehen. Wir Heutigen verstehen solche Verbote: Der Sieger versucht, sich durch Beschränkung der Industrie einen bleibenden Vorteil über den Verlierer zu sichern. Wir wissen aber auch, daß solche Versuche keine dauerhaften Erfolge haben. In der Tat ist Rom bald in der Lage, die vorherrschende Macht in Italien zu werden und kann auch über Industrien und Bergwerke der Etrusker verfügen.

Die Kunst, Eisen zu härten, spielt nur ein Jahrhundert nach Porsenna noch einmal ein schicksalhafte Rolle in der römischen Geschichte. Die Kelten, nicht nur ein wildes Kriegsvolk, sondern auch die technischen Erben der Hallstatt-Kultur und der Etrusker, ziehen nach Rom und sind der römischen Streitmacht sowohl wegen ihres wilden Mutes als auch wegen ihrer vorzüglichen Waffen durchaus überlegen. Technisch interessant an diesem Feldzug ist die Beschreibung der keltischen Methode zur Herstellung der Schwerter, die von römischen Schriftstellern überliefert wurde. Danach stellten die Kelten zunächst offenbar in der damals allgemein verbreiteten Weise Eisen her. Dieses Eisen, so wird behauptet, vergruben die keltischen Schmiede jahrelang im Erdboden, wodurch „das Schwache" aus dem Eisen herausrosten sollte. Die aus diesem vergrabenen Eisen gefertigten Waffen seien dann eben den römischen an Härte und Haltbarkeit überlegen. Diese Geschichte muß keineswegs eine Legende sein. Die Anfälligkeit des Eisens gegen Korrosion und besonders gegen Rost hängt durchaus vom Kohlenstoffgehalt und von zufälligen anderen Legierungsbestandteilen, zum Beispiel Mangan, ab. Läßt man die weniger kohligen und weniger legierten Teile des ja aus vielen kleinen Stücken der Luppe zusammengeschmiedeten Werkstückes tief verrosten, bleiben die „besseren" Stücke übrig, und man kann wirklich Eisen besserer Qualität erhalten.

Die Hallstatt-Kultur, genannt nach einer Reihe von Gräbern, die J. G. Ramsauer in der Mitte des 19. Jahrhunderts bei Hallstatt in Österreich ausgegraben hat, kannte die Eisenherstellung vielleicht seit dem achten Jahrhundert vor der Zeitenwende. Bronzene Pferdegeschirre, besonders die Formen der Trensen, deuten auf einen technisch-kulturellen Kontakt mit dem nördlichen Balkan bis in die Steppen am schwarzen Meer. Gehärtetes Eisen findet sich häufig in den Hinterlassenschaften dieses Kulturkreises, zeitlich könnte die Eisentechnik der Hallstatt-Völker auf die Hethiter zurückgehen. Eine wenigstens teilweise eigenständige Entwicklung ist aber ebenfalls nicht unwahrscheinlich, haben wir doch aus dem Alpenraum bereits eine nur als großartig zu bezeichnende Hütten- und Bergmannskunst aus schon viel älterer Zeit kennengelernt. Es hat Forscher gegeben, die die Heimat des Eisens überhaupt in Kärnten und Steiermark sehen wollten, deren Ansichten sich aber nicht durchsetzen konnten.

Mit dieser kurzen Übersicht über die grundlegenden Eigenschaften des Stahls und der Anfänge seiner Geschichte wollen wir unsere experimentelle Urgeschichte der Metalle beschließen. Leider übersteigen die Anforderungen an die Experimentier-Technik die Möglichkeiten eines Privatmannes, wenn man versuchen will, weiter in die Kunst der Stahlverarbeitung einzudringen. Wir verzichten daher notgedrungen auf eine Menge ungemein reizvoller Höchstleistungen der Handwerkskunst, z. B. auf die Leistung der japanischen Schwertschmiede, auf die Kunst des Damaszierens, auf die Kunst des Eisengusses, des Frischens und des Tiegelstahls, die in Indien schon vor unserer Zeitrechnung in hoher Blüte standen.

VII. Grundanleitung für die Experimente

Die Grundlage der frühen Metallurgie ist das Holzkohlenfeuer. Die Flammengase des Feuers sind das eigentliche chemische Reagenz, das auf die eingebrachten Mineralien wirkt. Die Gase sind ein Gemisch aus Stickstoff, Kohlenmonoxid (CO), Kohlendioxid (CO_2), Wasserdampf und unverbrauchtem Sauerstoff. Um in einem Holzkohlenfeuer Temperaturen über 1000°C zu erreichen (Schmelzpunkt des Kupfers ca. 1080°C), muß es stark angefacht werden. Die Flammengase enthalten dann einen Überschuß an Sauerstoff und haben stark oxidierende Wirkung. Im Gegensatz dazu wirkt eine gelb leuchtende Kerzen- oder Gasflamme wegen ihres Kohlenstoff-Überschusses und ihres hohen Gehaltes an CO reduzierend, erreicht aber kaum die erforderlichen Temperaturen.

Flammen

Für die Simulation der alten Metallurgie kann man sich auf oxidierende Flammen beschränken, da diese dem stark angefachten Holzkohlenfeuer sehr nahe kommen. Solche Flammen kann man heute sehr gequem mit den billigen Butan-Gasbrennern erzeugen, die im Zeichen der Heimwerkerei überall erhältlich sind. Alle Experimente dieses Heftes sind auf solche Brenner, die auch der Anfänger leicht handhaben lernt, zugeschnitten.

Die handelsüblichen Brenner werden mit einer großen und einer kleinen Düse geliefert. Die Flamme soll stets so eingestellt werden, daß das brausende Geräusch am stärksten ist. Die höchste Temperatur herrscht dicht vor dem spitzen blauen Kegel im Innern der Flamme. Mit der kleineren Düse kann man an dieser Stelle der Flamme etwa streichholzkopfgroße Proben bis auf etwa 1200°C erhitzen.

172

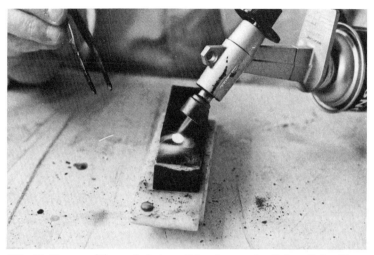

Abb. 45. Flammenführung bei einem Schmelzversuch mit dem Butan-Brenner

Vor der Erfindung des Butan-Brenners hat man seit den Zeiten der Ägypter bis in unser Jahrhundert das sogenannte *„Lötrohr"* verwendet. Seine für die Untersuchung der Mineralien „klassische" Ausführungsform hat Plattner, ein Lehrer an der Bergakademie Freiberg, um 1830 erfunden. Diese Form ist heute noch im Handel. Das Lötrohr zeichnet sich dadurch aus, daß man mit seiner Hilfe sowohl stark oxidierende als auch stark reduzierende Flammen erzeugen kann. Die bessere Definition der chemischen Bedingungen muß allerdings durch einige Mühe beim Erlernen seines Gebrauches bezahlt werden. Da das Lötrohr aber gerade in der „Probierkunst" eine wichtige Rolle gespielt hat, wollen wir auf seine Handhabung nicht gänzlich verzichten.

Das Lötrohr (Abb. 46) wird mit der rechten Hand etwa in der Mitte des langen Rohres fest ergriffen und der Ellenbogen sicher auf den Tisch gestützt, Das weite Mundstück wird von außen gegen die Lippen gedrückt. Nun kommt es darauf an, einen gleichmäßigen Luftstrom aus der Düse zu erzeugen. Dazu muß man lernen, mit aufgeblasenen Backen unter nicht zu hohem Druck zu blasen ohne die Flamme beim Einatmen zu unterbrechen. Das Einatmen durch die

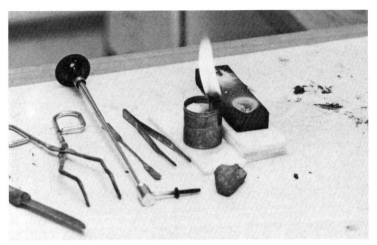

Abb. 46. Arbeitsplatz mit Lötrohr und Paraffin-Flamme

Nase, wobei man durch das Rachensegel die Mundhöhle vom Lungenraum absperrt, bedarf längerer Übung, die man am besten erreicht, wenn man die Düse des Lötrohrs in eine Schale mit Wasser hält. Dabei kann man am bequemsten Fehler beim Atmen bemerken.

Beherrscht man die Blastechnik einigermaßen, kann man mit einer kleinen Paraffin-Lampe nicht nur die hier beschriebenen Versuche durchführen, sondern auch zahlreiche qualitative Analysen an Mineralien und Erzen vornehmen.

Im Gegensatz zu vielen Behauptungen sind Bunsenbrenner und Spiritus-Lampen für die Arbeit mit dem Lötrohr ungeeignet. Eine geeignete „Lampe" kann man sich leicht aus einer metallenen Filmbüchse herstellen. Man braucht einen ungefähr 3 × 5 mm breiten Docht von etwa 5 cm Länge. Diesen Docht kann man mit einem passend gebogenen Streifen aus dünnem Blech an der Innenwand der Blechbüchse befestigen. Man läßt ihn etwa 2 mm über den Rand der Büchse herausragen und füllt die Büchse mit Paraffin- oder Kerzenwachs. Vor dem Anzünden des Dochtes ist es zweckmäßig, die Paraffin- oder Kerzenfüllung auf einer Herdplatte aufzuschmelzen (Vorsicht!).

Eine *oxidierende* Flamme erzielt man durch Eintauchen der Düse auf etwa die halbe Breite des Dochtes und kräftiges Blasen (Abb. 47). Man achte darauf, daß die Spitze der Flamme reinblau und ohne gelbe Streifen erscheint.

Abb. 47. Oxidierendes Blasen mit dem Lötrohr. Man erkennt gut das Entstehen eines gelben Belages von Bleioxid. Der andere Belag ist ein Belag von Zinkoxid

Hält man die Düse außerhalb der Flamme und bläst etwas sanfter, so erhält man eine *stark reduzierende,* vollständig gelbe, spitze Flamme, die nicht rußt. Diese reduzierende Flamme gestattet unter anderem Malachit direkt zu Kupfer zu reduzieren. Abbildung 46 gibt einen Eindruck von der Einfachheit eines Lötrohr-Arbeitsplatzes.

Manche der Versuche kann man im *Grillfeuer mit einem Blasebalg* vornehmen. Die hierzu nötigen größeren Erzmengen sind aber nicht billig. Außerdem kann wegen der größeren Materialumsätze eine gewisse Gesundheitsgefährdung durch Gehalte der Erze an Arsen, Blei und anderen Schadstoffen nicht ausgeschlossen werden.

Geräte

Außer dem Brenner werden folgende Geräte benötigt:

1 Hammer, etwa 100 g

1 „Amboß" – am besten eine runde Scheibe aus Stahl, 50–80 mm Durchmesser und 15–20 mm dick (aus Rundmaterial abgesägt, eine Seite abgeschmirgelt). Diesen Amboß stellt man auf eine weiche Gummiplatte von 3–5 mm Dicke.

1 Meßlöffel. Diesen kann man aus einem schmalen Streifen dünnen Blechs, etwa 6 mm breit und 70 mm lang herstellen, indem man an einem Ende eine Vertiefung von 5–6 mm Durchmesser und etwa 3 mm Tiefe einschlägt. Puppenlöffel sind ebenfalls gut zu gebrauchen.

1 Pinzette, nicht zu schwach

1 kleines Mikroskop, etwa 20× oder eine starke Standlupe.

Das Mikroskop wird stets mit von oben auf die Probe fallendem Licht benutzt. Man braucht daher noch eine seitlich gut abgeblendete Lampe, z. B. eine kleine Halogen-Punktlampe, wenn man sich nicht mit einer hellen Schreibtischlampe begnügen mag.

1 kleine Reibscheibe aus Stahl oder besser Achat

ca. 25 kleine farblose Pillenflaschen mit Schnappdeckel oder kleine Plastikbeutel mit „Reißverschluß".

Ein dünnes Aluminiumblech, von der Größe einer Schreibtisch-Unterlage bildet den Arbeitsplatz und schützt auch empfindliche Tische (über einer Unterlage) zuverlässig bei allen Arbeiten.

Neben den genannten Materialien halte man einige Stücke Holzkohle und einige Handvoll Ton vorrätig. Die Holzkohle kann man aus Grillkohle aussuchen, wenn man auf besonders harte feinporige Stücke achtet oder kann sie als „Lötrohrkohle" im Mineralien-Fachhandel kaufen.

Fast weißer Modellier-Ton aus Geschäften für Freizeitbedarf ist gut geeignet. In vielen Gegenden findet man auch auf Spaziergängen geeignetes Material. Notfalls kann man einfachen Lehm verwenden. Ton oder Lehm muß in einer gut schließenden Büchse mit einem nassen Lappen aufbewahrt werden, um plastisch und feucht zu bleiben.

Schmelztiegel und Öfen

Für viele Versuche brauchen wir kleine Schmelztiegel. Aus Stil- und Kostengründen sollte man sie selbst herstellen. Zweckmäßig ist es, sich jeweils einen Vorrat von 15 bis 20 Tiegeln auf einmal anzufertigen. Für die Flammengröße des Lötbrenners (große Düse) sind Tiegel oder Näpfe geeignet, die man herstellt, indem man mit nassen Fingern den Ton um das Ende eines Bleistiftes knetet. Sie sollten ca. 10 mm Tiefe haben und so dünnwandig sein wie nur möglich. Je gerader man die Oberkante machen kann, umso besser. Hat man die Tiegel geformt, müssen sie mehrere Tage an einem warmen Ort trocknen. Danach brennt man sie mit der großen Düse des Lötbrenners etwa 5 Minuten bei heller Rotglut (vorsichtig anwärmen). Waren die Tiegel nicht ausreichend getrocknet, können kleine Scherben recht heftig abplatzen.

Nicht alle Arbeiten lassen sich in der offenen Flamme befriedigend ausführen. Daher ist der Selbstbau eines kleinen, dem Lötbrenner angepassten *Tiegelofens* zu empfehlen. Man braucht dazu 4 Schamotteplatten von etwa 1,5 bis 2 cm Dicke und einer Kantenlänge von 8 bis 10 cm. Im Handel (Bastelbedarf) kann man für Emaille-Öfen vorgesehene größere Platten kaufen, die man mit einer Trennscheibe auf der Handbohrmaschine schneiden kann. Sonst erledigen Grabsteingeschäfte oder Terrazzowerkstätten das Schneiden der Platten. In die Mitte jeder der vier zugeschnittenen Platten bohrt man ein Loch von etwa 25 mm Durchmesser. Bequem ist es, mit einem kleinen Widiabohrer und der Handbohrmaschine einen Kranz kleiner Löcher innerhalb des Umfanges des auf die Schamotteplatte gezeichneten großen Loches zu bohren, das Innenteil herauszudrücken und den Rand mit einer groben Rundfeile zu glätten.

Saubere Löcher kann man mit einer passenden Lochsäge bohren, wenn man die Handbohrmaschine in einen Bohrständer spannt. Da die Zähne der Lochsäge zu weich sind, muß man als Schneidmittel feinen Sand und viel Wasser aufgeben, ein seit dem Neolithikum bekanntes Verfahren.

Auf einer der fertig gebohrten Platten befestigt man mit etwas Ton zwei möglichst dünne Stäbchen aus Aluminiumoxid oder Magnesia oder Korund (Mineralienhandel, Laborbedarfshandel), auf die nachher der Tiegel gestellt werden kann. Die Montage des Ofens erfolgt so, daß die Flamme des Brenners die Löcher der übereinander gelegten Schamotte-Platten senkrecht von unten nach oben durchstreicht, die Haltestäbchen für den Tiegel liegen auf der untersten Platte. Mit der großen Brennerdüse kann man in diesem Ofen Kupfer oder Gold in wenigen Minuten aufschmelzen. Eine Variante dieses Ofens wird bei der Eisengewinnung beschrieben.

Für alle jene, die in ihrer Umgebung keine Mineralien für Experimente finden können bietet die Fa. Dr. F. Krantz, 5300 Bonn 1,

Fraunhofer-Straße 7, eine „Übungssammlung" mit folgenden, reichlich bemessenen 10 Erzproben an:

1. Malachit, Zaire
2. Hämatit, Kärnten/Österreich
3. Limonit, Niedersachsen
4. Kupferglanz, Morenci/Arizona
5. Kupferkies, Bad Grund/Harz
6. Cassiterit, Cornwall/England
7. Galmei, Ballestos Helios/Peru
8. Bleiglanz, Clausthal/Harz
9. Cerussit, Mibladen/Marokko
10. Raseneisenstein, Kärnten/Österreich.

Diese Sammlung kostet (1982) DM 45,—.

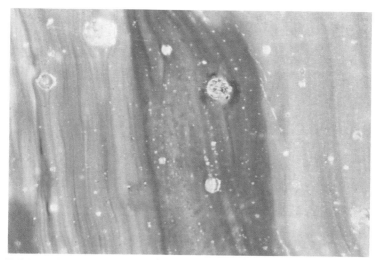

Tafel 1. Schnitt durch eine Schlacke der Ramessiden-Zeit in Timna. Es handelt sich um ein Mangan-Glas (Mangan-Knollen anstelle von Hämatit als Zuschlag) mit Kupferperle. Durchmesser der Perle 0,8 mm

Tafel 2. Schmelzperle aus geröstetem Kupferkies bei Quarzzugabe. Man erkennt deutlich, wie sich Kupferstein und Schlacke (unten) aufgrund verschiedener Oberflächenspannungen und Dichte bei gleichzeitig mangelnder Mischbarkeit trennen

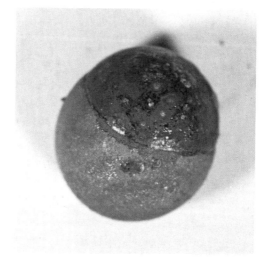

179

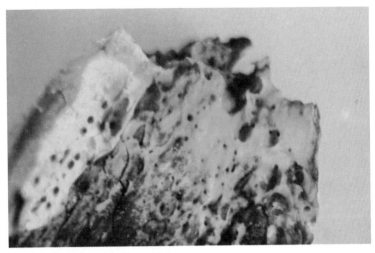

Tafel 3. Phönizische Kupferanalyse, Grünfärbung eines gebrannten Kälberzahnes, der in Malachit mit Essig eingelegt wurde

Tafel 4. Schnabelkanne vom Dürrnberg bei Hallein, ca. 400 v. Chr. Der obere Rand der Kanne mit den Figuren ist ein Gußstück nach der Wachs-Ausschmelz-Technik, der Körper der Kanne ist eine Treibarbeit, Körper und oberer Rand sind durch Eingießen von Bronze verschweißt (Abdruck mit freundlicher Erlaubnis des Keltenmuseums Hallein)

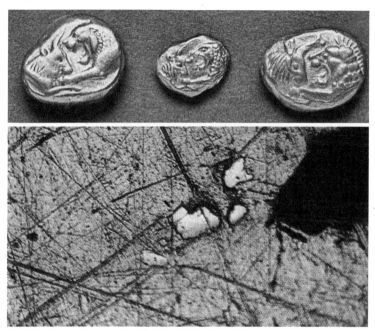

Tafel 5. Gold vom Pactolus. Lydische Goldmünzen und Platin/Iridium-Flitter, die die Herkunft des Goldes aus dem Pactolus nachweisen (nach Young)

Tafel 6. Probierstein mit Gold-, Silber- und Kupferstrich

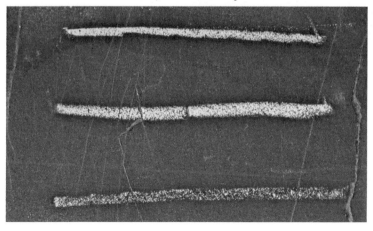

Tafel 7. Blick in den Tiegel nach der Zementation. Rechts im Tiegel erkennt man den Regulus; die grüne Farbe der erstarrten Kochsalzschmelze zeigt die Extraktion des Kupfers, die rötlichen Körner sind Ziegelmehl

Tafel 8. Zementation einer Silber-Gold-Legierung. Das rechteckige Blech zeigt die Siberfarbe der Ausgangslegierung (30 Gew.-% Gold), das unregelmäßig geschnittene Blech zeigt die gleiche Legierung nach dreistündiger Zementation unterhalb des Schmelzpunktes

Literaturverzeichnis

Agricola, G.: 12 Bücher vom Berg- und Hüttenwesen, Basel 1556, Übersetzung 1928, Düsseldorf: VDI Verlag 1977.

Bass, G. F.: Cape Gelidonia: A Bronze Age Shipwreck, Transactions of the American Philosophical Society, New Series *57,* part 8, 1967, Seite 22–122.

Bill, J.: Früh- und mittelbronzezeitliche Höhensiedlung im Altenrheintal im Lichte der Bronzeproduktion. Archäologisches Korrespondenzblatt, *10,* Heft 1, 17–21 (1980),

Bill, J.: Zum Depot von Salez, Jahresberichte des Instituts für Vorgeschichte der Universität Frankfurt/Main, 200–206, (1977).

Bill, J.: persönliche Mitteilung.

Biringuccio: Biringuccios Pirotechnia, Venedig MDLX, übersetzt und erläutert von Dr. Otto Johannsen. Braunschweig: Vieweg 1925.

Bosch, P. W.: Neolithic Flint Mine. Scientific American *6,* 98, (1979).

Braidwood, R. J., Burke, J. E., Nachtrieb, N. H.; Ancient Syrian Coppers and Bronzes, Journal of Chemical Education *28,* 87–96 (1951).

Bray, Warwick: Gold-working in Ancient America, Gold Bulletin *11,* Heft 4, 136 (1976/78).

Breasted, J. H.: Geschichte Ägyptens, Deutsch von H. Ranke, Stuttgart: Parkland Verlag.

Breasted, J. H.: Ancient Records of Egypt, Band I–V, Chicago 1906.

Brill, R., H., Wampler, J. M.: Isotope Studies of Ancient Lead, American Journal of Archeology, *71,* 62–77 (1967).

Champaud, Cl.: L'exploitation ancienne de Cassiterite d'Abbarez-Nozay (Loire-Inferierau), Annales de Bretagne, Tome LXIV, 46–96 (1957).

Childe, G. V.: Archaeological ages as technical stages, Journal of the Royal Anthropological Institute *74* (1944).

Coghlan, H. H.: Some Experiments on the Origin of Early Copper MAN, 106 (1939).

Conrad, H. G.: Römischer Bergbau, Berichte der Staatl. Denkmalspflege im Saarland.

Edelmetall-Analyse, Probierkunde und naßanalytische Verfahren, Hrsg.: Chemiker-Ausschuß der Gesellschaft Deutscher Metallhütten- und Bergleute, Springer 1964.

Eibner-Persey, A., Eibner, C.: Erste Großgrabung auf dem bronzezeitlichen Bergbaugelände vom Mitterberg. Anschnitt *22,* Heft 5, 12 (1970).

Eibner, C.: Mitterberg-Grabung 1971. Anschnitt *24*, Heft 2, 3 (1972).

Eibner C.: Mitterberg-Grabung 1972. Anschnitt *26*, Heft 2, 14 (1974)

Eiseman, C. J.: Greek Lead, University Museum Monograph Series, Philadelphia; Winter 1980.

Forbes, R. J.: Metallurgy in Antiquity, Leiden (1950).

Fuchs, P.: Eisen und Archäologie, Katalog der Ausstellung „Eisenerzbergbau und Verhüttung in der VR Polen. Deutsches Bergbaumuseum Bochum (1978).

Fuchs, P.: Die Verhüttung von Eisenerz im Rennfeuerofen bei den Bälen in der Südost-Sahara. Der Anschnitt *22*, Heft 2, 3–9, (1970).

Gale, N. H., Stos-Gale, Z.: Lead and Silver in the Ancient Aegean. Scientific American *6*, 142–152 (1981).

Gentner, W., Müller, O., Wagner, G. A.: Silver of Archaic Greek Coinage, Naturwissenschaften *65*, 6 (1978).

Gmelin: Handbuch der Anorganischen Chemie, 8. Aufl. Hrsg. Gmelin Institut für Anorg. Chemie der Max-Planck-Gesellschaft.

Hartmann, A., Sangmeister, E.: Zur Erforschung urgeschichtlicher Metallurgie, Angewandte Chemie, *84*, Nr. 14, 668 (1972).

Harrison, F. A.: Ancient Mining Activities in Portugal. Mining Magazine *45*, 137 (1931).

Healy, J. F.:, Darling, A. S.: Microprobe Analysis and the Study of Greek Gold-Silver-Copper Alloys. Nature *231*, 443 (1971).

Helck, H. W.: Die Beziehung Ägyptens zu Vorderasien im 3. und 2. Jahrtausend v. Chr., II. Aufl., Wiesbaden 1971.

Jovanovic, B.: The Origins of Copper Mining in Europe. Scientific American, *5*, 114 (1980).

Key, C. A.: Ancient Copper and Copper-Arsenic Alloy Artefacts. Science *146*, 1578–1580 (1964).

Kirchheimer, F.: Über das Rheingold. J. Geol. Landesamt Baden-Württemberg *7*, 55–58 (1965).

Kirchheimer, F.: Das Rheingold. Der Aufschluß, 184–187 (1967).

Kirnbauer, F.: Das jungsteinzeitliche Hornsteinbergwerk in Mauer bei Wien. Anschnitt *14*, Heft 5/6, 1962).

Klose, O.: Die prähistorischen Funde vom Mitterberg bei Bischofshofen im Stadt-Museum Carolino-Augusteum zu Salzburg und zwei prähistorische Schmelzöfen auf dem Mitterberge. Österreichische Kunsttopographie, *17*, Beitrag II, 27–33 (1912).

Klose, O.: Die prähistorischen Funde vom Mitterberg bei Bischofshofen. Österreichische Kunsttopographie *17*, 196 (1912).

Kyrle, G.: Urgeschichte des Kronlandes Salzburg. Wien Anton Schroll: 1918.

Lamb, W.: Excavations at Thermi in Lesbos, in: Antiquity XVIII, No. 70, 87 (nach Wainwright).

Lauffer, S.: Die Bergwerkssklaven von Laureion. I. Teil: Arbeits- und Betriebsverhältnisse, Rechtsstellung. Abhandlungen der Geistes- und Sozialwissenschaftlichen Klasse, Jahrgang 1955, Nr. 12 der Akademie der Wissenschaften und Literatur München.

Levey, M.: Chemistry and Chemical Technology in Ancient Mesopotamia. New York: Elsevier 1959.

Lupu, A.: Copper Casting in Late Bronze Age Timna, The Extractive Metallurgy of Ancient Sinai, Bulletin Institute for Archaeo-Metallurgical, Studies 1973, London.

Maréchal, J. R.: Zur Frühgeschichte der Metallurgie. Lammersdorf über Aachen: Otto Junker GmbH.

Marshall, J.: Mohenjo-Daro and the Indus Civilization, London 1931.

Mathar, J., Voigt, A.: Über die Entstehung der Metallindustrie im Bereich der Erzvorkommen zwischen Dinant und Stollberg, II. Auflage, 1969, Otto Junker GmbH, Lammersdorf über Aachen.

Mc Leod, B. H.: The Metallurgy of King Salomon's Copper Smelters in: Palestine Exploration Quarterly, 68–71 (1962).

Minns, E. H.: Trialeti, Antiquity XVIII, 129 (1943).

Moscati, S.: Die Phöniker. Essen: Magnus Verlag, 1975.

Much, M.: Die Kupferzeit, II. Auflage, Jena 1893.

Moosleitner, F.: Der inneralpine Raum in der Hallstattzeit in: Die Hallstatt-Kultur. Symposium in Steyr 1980.

Noeske, H. C.: Die vier Arbeitsverträge der Siebenbürgischen Wachstafeln, Der Anschnitt *31*, 114 (1979).

Notton, J. H. F.: Ancient Egyptian Gold-Refining, Gold Bulletin, Vol, *7*, No. 2 (1974).

Nowothnig, Zft. für Erzbergbau und Metallhüttenwesen *21*, 355–360 (1968).

Oddy, A.: The Production of Gold Wire in Antiquity, Gold Bulletin *10*, 79 (1977).

Otto, H., Witter, W.: Handbuch der ältesten vorgeschichtlichen Metallurgy in Mitteleuropa, Leipzig: Barth. 1952.

Pittioni, R.: Bergbau. In: Real-Lexikon der Germanischen Altertumskunde, 2. Aufl., Band 2 (1976). Berlin: de Gruyter.

Preuschen, E.: Zur neuzeitlichen Geschichte des Mitterberger Kupferbergbaues. Anschnitt *14*, Heft 4, S. 11 (1962).

Preuschen, E.: Bronzezeitlicher Kupfererzbergbau im Trentino. Anschnitt *20*, Heft 1, S. 3 (1968).

Quiring, H.: Vorgeschichtliche Studien in den Bergwerken Süd-Spaniens. Zt. für das Berg-, Hütten- und Salinenwesen *83*, 492 (1932).

Renfrew, C.: The Autonomy of the South-East European Copper Age. Proceedings of the Prehistoric Society *35*, 12–47 (1969).

Renfrew, C.: Cycladic Metallurgy and the Aegean Early Bronze Age. American Journal of Archaeology *71*, 1–20, (1967).

Rothenberg, B.: Timna, Das Tal der biblischen Kupferminen, Gustav Lübbe Verlag 1973.

Smith, C. S., An Examination of the Arsenic-rich Coating on a Bronze Bull from Horoztepe. Application of Science in Examination of Works of Art, Ed. W. J. Young, Museum of Fine Arts, Boston Mass. (1973).

Stuiver, M. Suess, H. E.: On the relationship between radiocarbon dates and true sample ages, Radiocarbon *8*, 534 (1966).

Suess, H. E.: Bristlecone Pine calibration of the Radiocarbon time scale from 4100 BC to 1500 BC. Radioactive Dating and Methods of Low Level Counting, S. 143 ff. Wien International Atomic Energy Agency, 1967.

Theophilus: De Diversis Artibus, translated from the Latin by C. R. Dodwell, London 1961.

Tylecote, R. F.: Metallurgy in Archaeology, A Prehistory of Metallurgy in the British Isles. Edward Arnold (Publishers) Ltd.: London 1962.

Wainwright, G. A.: Early Tin in the Aegean, Antiquity XVIII, No. 70, S. 57 (1944).

Wainwright, G. A., Egyptian Bronze-Making, Antiquity XVII, 96–98 (1943)

Wainwright, G. A., Egyptian Bronze-Making Again, Antiquity XVII, No. 70, 101 (1944)

Whitehouse, D. and R.: Lübbes archäologischer Weltatlas, Gustav Lübbe Verlag 1976.

Wild, H. W., Die Kupferlagerstätte und das Kupferbergwerk bei Fischbach/ Nahe. In: P. Brandt (Hrsg.): Beiträge zur Geschichte des Bergbaues an der oberen Nahe, Charivari Verlag Idar Oberstein.

Whitmore, F. E., Young, W. J.: The fabulous gold of the Pactolus valley, Boston Museum Bulletin, 70, No. 359.

Wolters, J.: Zur Geschichte der Löttechnik, Degussa, Frankfurt 1976.

Wooley, L.: Mesopotamien und Vorderasien. In: Kunst der Welt, Baden-Baden: Holle 1961, Paperback (1975).

Young, J.: Application of Science in Examination of Works of Art, Museum of Fine Arts, Boston, Mass. (1973).

Zedelius, V.: Merowingerzeitliche Probiersteine im nördlichen Rheinland, Anschnitt 33, s. 2–6 (1981).

Zschocke, K., Preuschen, E.: Das Urzeitliche Bergbaugebiet von Mühlbach-Bischofshofen. Materialien zur Urgeschichte Österreichs 6 (1932).

Sachverzeichnis

J. Riederer
Kunstwerke – chemisch betrachtet

Materialien, Analysen, Altersbestimmung
1981. 35 Abbildungen, 50 Tabellen.
IX, 191 Seiten
DM 34,80. ISBN 3-540-10552-2

Inhaltsübersicht: Historischer Rückblick. – Die
Aufgabe der Archäometrie. – Die Ergebnisse
der Archäometrie. – Erkennen von Fälschungen. – Die Methoden der Materialanalyse. –
Verfahren der absoluten Altersbestimmung. –
Methoden der archäologischen Prospektion. –
Archäometrie-Laboratorien. – Fachzeitschriften. – Literatur. – Sachregister. – Ortsregister.

Naturwissenschaftliche Untersuchungsmethoden gewinnen für die kulturgeschichtliche Forschung steigende Bedeutung, denn zur
Beschreibung historischer Objekte sind technologische, chemische und physikalische Angaben ebenso aussagekräftig wie stilistische Merkmale. Dieses Buch zeigt, in welchem Umfang
naturwissenschaftliche Verfahren, insbesondere
analytische Arbeitstechniken, zur Lösung kulturgeschichtlicher Probleme beitragen und
nimmt so eine Mittler-Rolle zwischen Geistes-
und Naturwissenschaften ein. Es wendet sich
nicht nur an Kunsthistoriker, Archäologen,
Ethnologen und Restauratoren, sondern an alle
kulturgeschichtlich interessierten Naturwissenschaftler, insbesondere an Chemiker, um ihnen
die einschlägigen Verfahren der Materialanalyse, der technologischen Untersuchungen, der
Altersbestimmung sowie Werkstofffragen und
Herstellungstechniken zu erläutern. Ein
Anhang gibt weiterführende Hinweise auf
Archäometrielaboratorien und wichtige Literatur.

Springer-Verlag
Berlin
Heidelberg
New York

P. Walden

Geschichte der organischen Chemie seit 1880

Zweiter Band zu *Graebe:* „Geschichte der
organischen Chemie"

Reprint der Erstauflage Berlin 1941.
1972. (4) XIV, 946 Seiten
Gebunden DM 98,-. ISBN 3-540-05267-4

Inhaltsübersicht: Allgemeine Charakteri-
stik der organischen Chemie im Zeitraum
seit 1880 (bis 1940). – Physikalische Chemie und organische Chemie. – Hilfsstoffe
der organischen Synthese. – Zur chemischen Typologie der organischen Verbindungen. – Chemische Erforschung organi-
scher Naturstoffe. – Künstliche Farbstoffe,
Naturstoffe und Chemotherapeutika. –
Synthesen unter physiologischen Bedingungen.

Walden arbeitet an seiner Darstellung
nicht nur die großen Linien und die Entstehung grundlegender Forschungsergeb-
nisse heraus, sondern gibt auch eine
umfassende Darstellung der Objekte der
chemischen Arbeit und läßt, unter genauer
Angabe der Literatur, die beteiligten Forscher selbst hervortreten.

Springer-Verlag
Berlin
Heidelberg
New York